排污许可证申请与核发技术规范系列培训教材

人造板工业排污许可管理

——申请、审核、监督管理

张忠涛　主编

中国环境出版集团·北京

图书在版编目（CIP）数据

人造板工业排污许可管理：申请、审核、监督管理/张忠涛主编. —北京：中国环境出版集团，2022.7

排污许可证申请与核发技术规范系列培训教材

ISBN 978-7-5111-5167-4

Ⅰ. ①人… Ⅱ. ①张… Ⅲ. ①人造板工业—排污许可证—技术规范—中国—技术培训—教材 Ⅳ. ①X789

中国版本图书馆 CIP 数据核字（2022）第 092839 号

出 版 人　武德凯
责任编辑　董蓓蓓
责任校对　薄军霞
封面设计　岳　帅

出版发行　中国环境出版集团
（100062　北京市东城区广渠门内大街 16 号）
网　　址：http://www.cesp.com.cn
电子邮箱：bjgl@cesp.com.cn
联系电话：010-67112765（编辑管理部）
010-67113412（第二分社）
发行热线：010-67125803，010-67113405（传真）

印　　刷　北京建宏印刷有限公司
经　　销　各地新华书店
版　　次　2022 年 7 月第 1 版
印　　次　2022 年 7 月第 1 次印刷
开　　本　787×1092　1/16
印　　张　12.25
字　　数　240 千字
定　　价　58.00 元

《人造板工业排污许可管理
——申请、审核、监督管理》
编 委 会

前　言

以习近平同志为核心的党中央高度重视生态文明建设，党的十八大把生态文明建设提到了前所未有的高度，纳入“五位一体”战略总体布局，严格落实地方党委和政府环境保护领导责任、企事业排污单位环境保护主体责任以及生态环境主管部门环境保护监督责任，实行最严格的环境保护制度。

实施排污许可制是提高环境管理效能、改善环境质量的重要制度保障。党中央、国务院高度重视排污许可管理工作，党的十九届四中全会审议通过的《中共中央关于坚持和完善中国特色社会主义制度 推进国家治理体系和治理能力现代化若干重大问题的决定》要求构建以排污许可制为核心的固定污染源监管制度体系。党的十九届五中全会审议通过的《中共中央关于制定国民经济和社会发展第十四个五年规划和二〇三五年远景目标的建议》提出全面实行排污许可制。党中央把排污许可制定位为固定污染源环境管理核心制度，凸显了这项制度的极端重要性。

为建立和完善人造板工业排污许可管理体系和技术体系，指导和规范人造板工业排污单位排污许可证申请与核发工作，加快推进人造板工业排污许可指导实施，受生态环境部（原环境保护部）委托，由国家林业和草原局产业发展规划院（原国家林业局林产工业规划设计院）牵头，生态环境部环境规划院（原环境保护部环境规划院）、中国林产工业协会、中国林业科学研究院木材工业研究所、福建龙净环保股份有限公司和安徽省科林环境生物技术有限公司共同起草了《排污许可证申请与核发技术规范 人造板工业》（以下简称《技术规范》），并于 2019 年 7 月 24 日正式印发。

《技术规范》规定了人造板工业排污单位排污许可证申请与核发的基本情况填报、自行监测、环境管理台账与执行报告等环境管理要求，以及许可排放限值确定、实际排放量核算、合规判定等技术方法，提出了人造板工业污染防治可行技术要求。

为做好排污许可制度解读，便于人造板工业排污单位管理人员、技术人员和许可证核发机关审核管理人员理解排污许可制度、掌握人造板工业排污许可证申请与核发的技术要求，同时便于排污单位、地方生态环境主管部门开展依证排污、依证监管、现场检查等工作，特编制本教材。本教材共分为 6 章。第 1 章介绍了我国人造板工业的产量、分布、生产工艺、污染控制等的现状。第 2 章介绍了国内外人造板工业排污许可技术体系和污染物排放标准，以及我国排污许可制度的发展历程和管理体系。第 3 章详细介绍了《技术规范》的总体框架、适用范围、排污单位基本情况填报要求、许可排放限值确定方法、排污许可环境管理要求、实际排放量核算方法、合规判定方法等。第 4 章结合全国排污许可证管理信息平台（以下简称“平台”），以纤维板为例，对从申报材料的准备、系统注册到正式填报的流程进行了详细介绍，将平台上的具体填报流程截图进行详细解读。第 5 章介绍了人造板工业排污许可证核发审核要点，分别以纤维板企业和胶合板企业为例，对填报表格逐个进行具体审核、详细分析。第 6 章重点对排污许可证证后监管和现场检查进行了详细介绍。本书由张忠涛统稿，各章编写人员如下：第 1 章，王雨、李露霏、胡广斌；第 2 章，王琪、张震宇、李艳；第 3 章，李好、秦莉、张琬琳；第 4 章，贾卫华、党元君、王理；第 5 章，李好、王雨、靳杰、刘雨青；第 6 章，王雨、陈剑平、刘喜宏。

由于编写人员水平有限，书中难免有不妥之处，敬请广大读者批评指正！

目　录

1　人造板工业现状 1
1.1　产量及分布 1
1.2　主要生产工艺及产排污特点 6
1.3　污染控制现状 12

2　国内外人造板工业排污许可制度及管理 15
2.1　国外人造板工业排污许可制度及标准 15
2.2　我国排污许可制度 21

3　人造板工业排污许可技术规范主要内容 28
3.1　总体框架 28
3.2　适用范围 28
3.3　排污单位基本情况填报要求 29
3.4　许可排放限值确定方法 37
3.5　排污许可环境管理要求 40
3.6　实际排放量核算方法 46
3.7　合规判定方法 49

4　人造板工业排污单位排污许可证申报流程 52
4.1　排污许可证申报材料的准备 52
4.2　申报系统注册 54
4.3　信息申报系统正式填报 56

5　人造板工业排污许可证核发审核要点及典型案例分析 81
5.1　申报材料的审核要点 81
5.2　审核典型案例分析 88

6 排污许可证监督与管理 114
6.1 如何做好排污许可证应发尽发工作 114
6.2 证后监管 115
6.3 现场检查指南 117

附录 125
附录 1 人造板工业排污许可证申请与核发技术规范十五问 125
附录 2 重点管理排污许可证申请模板 128
附录 3 简化管理排污许可证申请模板 159

1 人造板工业现状

1.1 产量及分布

人造板工业是以木材或非木材植物纤维材料为主要原料，加工成各种材料单元，施加（或不施加）胶黏剂和其他添加剂，制成板材或成型制品，主要产品包括胶合板、纤维板、刨花板及其他人造板。人造板工业是重要的原材料产业，与经济社会发展和人民生活息息相关。人造板工业以可再生、可回收和可生物降解的木材、竹材、农作物秸秆等生物质材料为原料，产品为木材制品生产、房屋建造、装饰装修等行业提供基础原材料。人造板生产是综合利用和高效利用木材资源的主要途径之一，1 m^3 人造板可替代 3 m^3 原木使用。人造板生产有力地拉动了人工速生丰产用材林基地建设以及以农林间作、农田防护林、四旁造林等为主要种植方式的平原林业的发展。人造板工业有效缓解了经济社会发展对木材刚性需求的压力，缓解了木材供需矛盾，在保护天然林资源、可持续利用森林资源、发展循环经济中具有重要地位，对于建设资源节约型和环境友好型社会、促进人与自然和谐发展意义重大。人造板工业发展在带动农民增收、吸纳农村剩余劳动力、拉动关联产业发展、改善生态环境和维护木材安全方面起到了积极作用。人造板工业已成为我国林业产业的支柱之一，是我国实体经济的组成部分。

经过 30 多年的快速发展，我国已经成为世界人造板第一生产大国、消费大国和贸易大国。根据国家林草局的统计数据，2020 年，我国人造板产量为 3.11 亿 m^3，产值约 7 066 亿元。2011—2020 年我国人造板产量年均增速接近 7.3%（图 1-1）。除北京、天津、上海、青海、西藏 5 省（区、市）外，其余 26 个省（区、市）（不包括香港、澳门、台湾，以下同）均有人造板生产，2020 年前十省（区）产量占全国人造板总产量的 90.9%，其中山东、江苏、广西、安徽、河北等 7 省（区）产量超千万立方米，人造板生产分布集中趋势明显（图 1-2）。

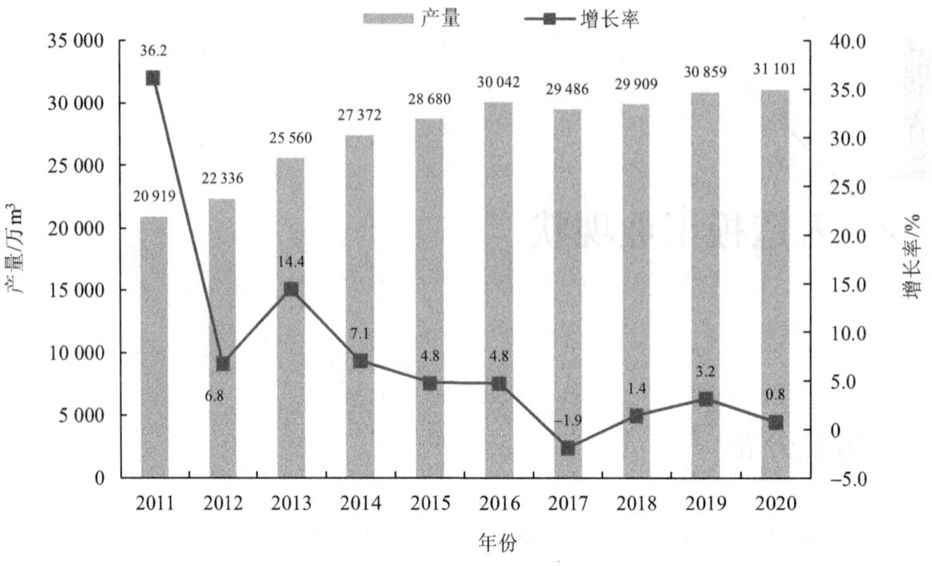

图 1-1　2011—2020 年我国人造板产量及增长率

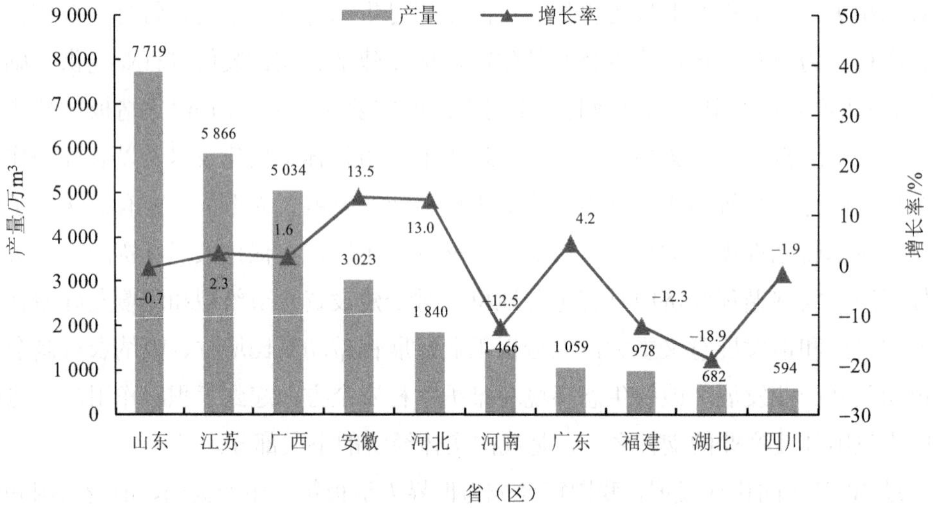

图 1-2　2020 年我国人造板产量前十省（区）

1.1.1　胶合板产量及分布

2011—2020 年，我国胶合板类产品产量年均增速达到 9.2%，是人造板中产量增幅最大的板种。2020 年，我国生产胶合板类产品 19 891 万 m^3（图 1-3），占全部人造板产量的 64.0%。其中，细木工板产量为 1 539 万 m^3。

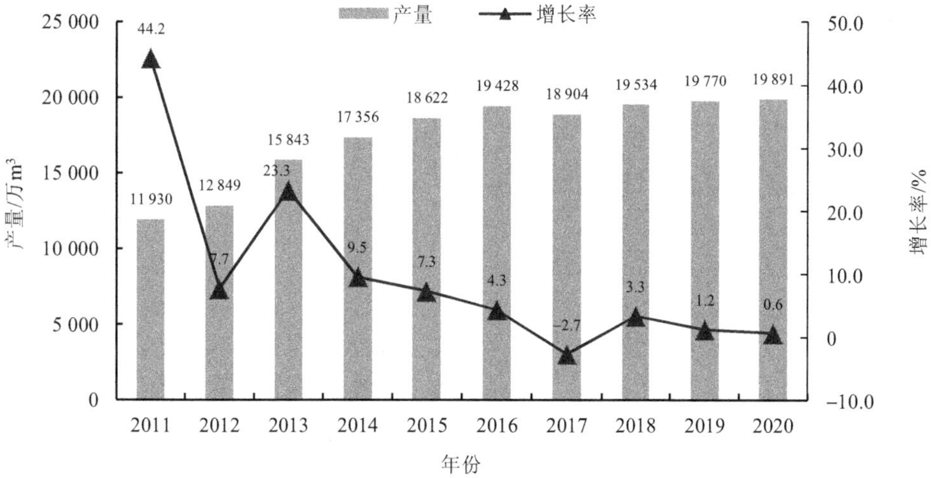

图 1-3　2011—2020 年我国胶合板类产品产量及增长率

2020 年，除北京、天津、上海、青海、西藏 5 省（区、市）外，其余 26 个省（区、市）均有胶合板类产品生产，其中 4 省（区）产量超千万立方米（图 1-4）。山东胶合板类产品产量为 5 422 万 m^3，连续 10 年位居全国第一，占全国胶合板类产品总产量约 27.2%；江苏产量为 3 803 万 m^3，位居全国第二，占全国胶合板类产品总产量约 19.1%；广西产量为 3 676 万 m^3，连续多年增长以后首次下降，成为我国胶合板类产品生产第三大省（区），占全国胶合板类产品总产量约 18.5%；安徽产量为 2 298 万 m^3，稳居全国第四位，占全国胶合板类产品总产量约 11.6%。前四省（区）占全国胶合板类产品总产量的 76.4%。

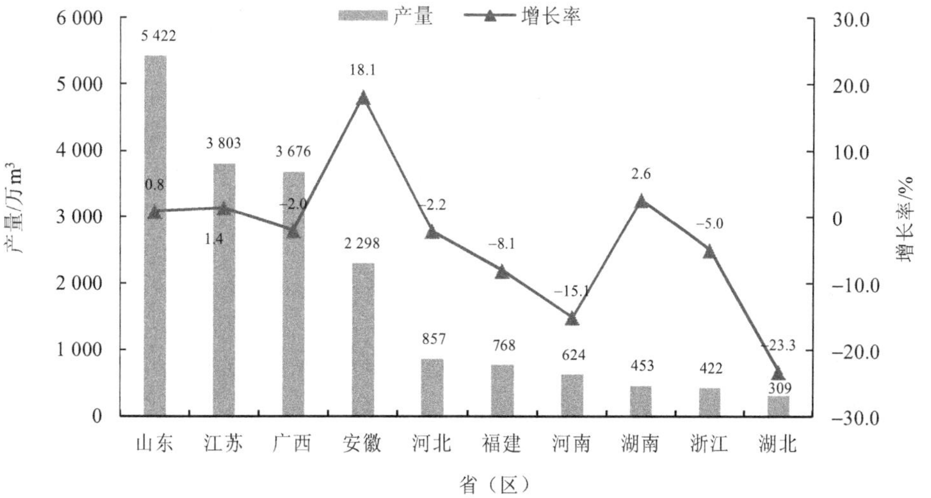

图 1-4　2020 年我国胶合板类产品产量前十省（区）

1.1.2 纤维板产量及分布

2011—2020 年，我国纤维板类产品产量年均增速为 3.6%，增速逐渐放缓，我国纤维板生产能力利用率持续走低，企业开工率不足。2020 年，我国生产纤维板类产品 6 226 万 m^3（图 1-5），占全部人造板总产量的 20.0%。

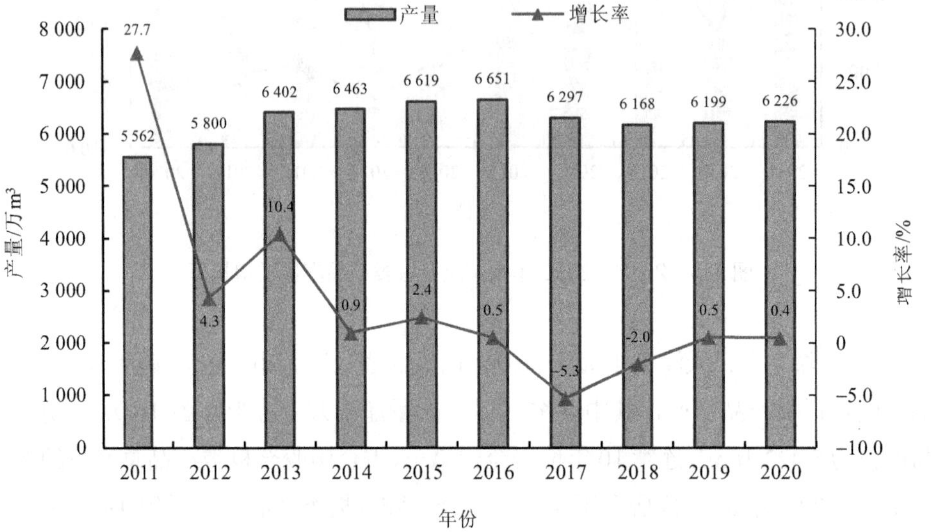

图 1-5 2011—2020 年我国纤维板类产品产量及增长率

2020 年，除北京、天津、上海、西藏、青海、宁夏 6 省（区、市）外，其余 25 个省（区、市）均有纤维板生产。山东产量达到 1 440 万 m^3，连续 11 年位居全国第一，占我国纤维板总产量的 23.0%；江苏产量为 888 万 m^3，稳居第二，占我国纤维板总产量的 14.0%；广西产量为 690 万 m^3，位居第三，占我国纤维板总产量的 11.0%（图 1-6）。前十省（区）纤维板产量之和占我国纤维板总产量的 91.6%，同比增长 7%，我国纤维板生产分布进一步集中。

1.1.3 刨花板产量及分布

2011—2020 年，我国刨花板产量年均增速达到 9.0%。2020 年，我国生产刨花板 3 002 万 m^3（图 1-7），占全国人造板总产量的 9.7%。

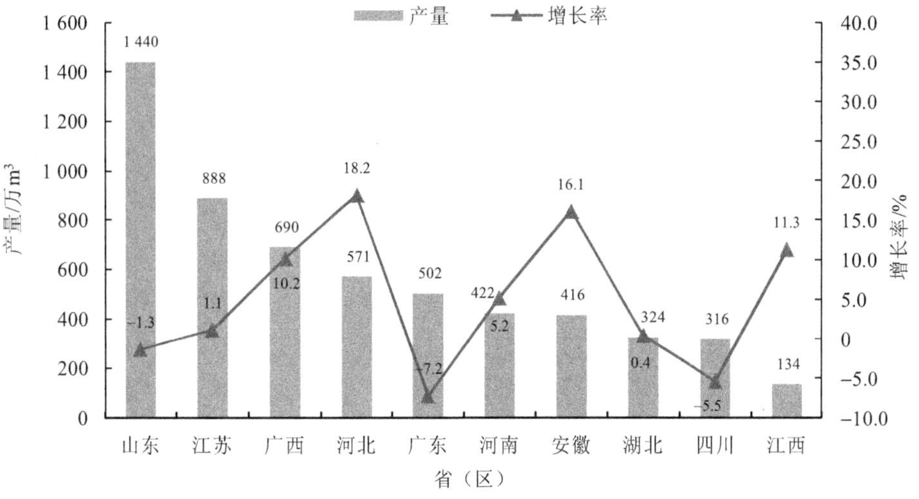

图 1-6　2020 年我国纤维板类产品产量前十省（区）

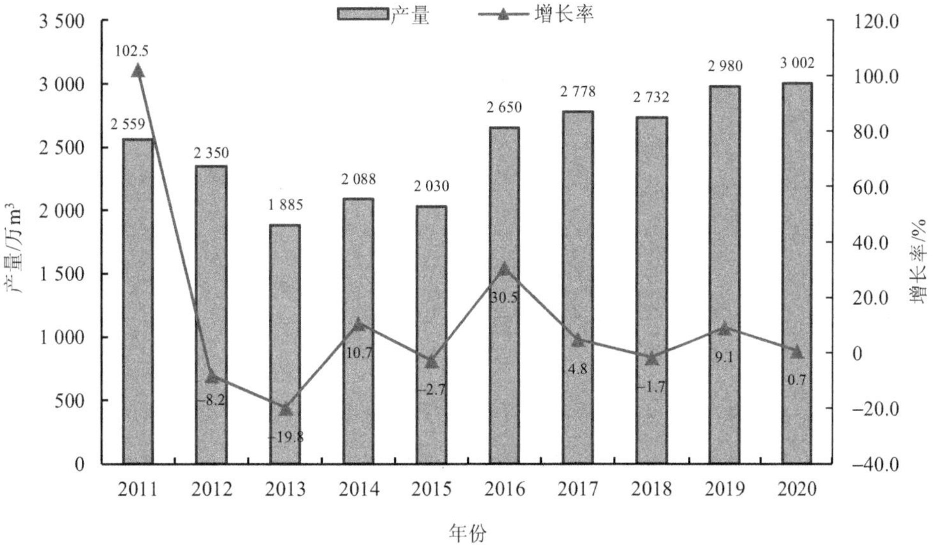

图 1-7　2011—2020 年我国刨花板产品产量及增长率

2020 年，除北京、天津、上海、西藏、青海 5 省（区、市）外，其余 26 个省（区、市）均有刨花板生产。江苏刨花板产量为 942 万 m^3，占全国刨花板总产量的 31.4%，连续 5 年位居全国第一；山东产量为 568 万 m^3，占全国刨花板总产量的 18.9%，位居第二；广西产量为 303 万 m^3，上升为第三位，占全国刨花板总产量的 10.1%（图 1-8）。前十省（区）

刨花板产量占我国刨花板总产量的 93%，与 2019 年持平，产业集中度保持稳定。

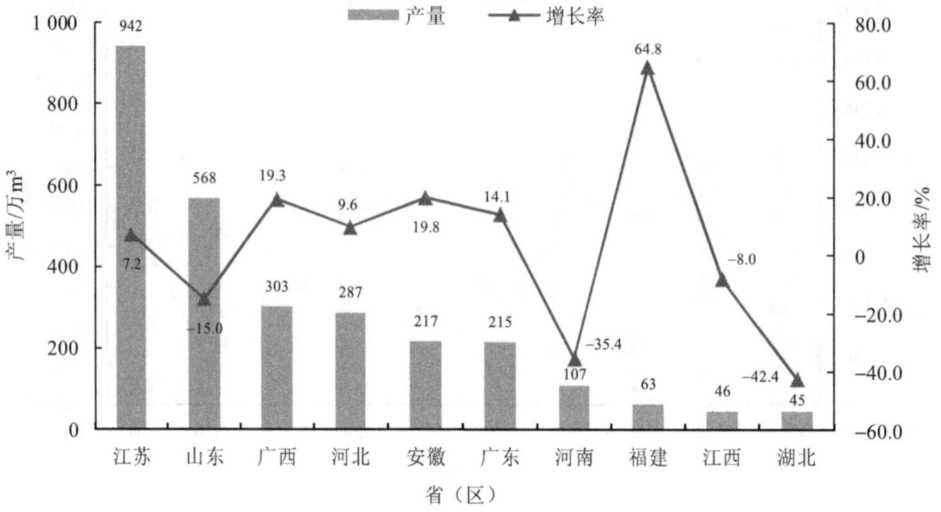

图 1-8　2020 年我国刨花板产量前十省（区）

2020 年，全国共有人造板生产企业 16 000 余家。其中，胶合板生产企业 15 200 多家，企业平均生产规模为 1.7 万 m^3/a，大型企业或企业集团约 84 家，占企业总数比例不足 1%，中小型企业占 99%以上。纤维板生产企业 392 家，企业平均生产规模为 11.4 万 m^3/a，大型企业或企业集团占比超过 23%，中型企业占比接近 77%。刨花板生产企业 329 家，企业平均生产规模为 11.2 万 m^3/a，大型企业或企业集团占总数的 9%，中型企业占比接近 91%，小型企业占比不足 1%。

1.2　主要生产工艺及产排污特点

与发达国家人造板工业发展水平相比，我国人造板工业整体发展水平不均衡，尤其胶合板产业还处于技术含量不高、附加值较低的发展阶段，存在部分产能落后、技术装备较差的企业，在生产过程中造成的资源浪费、环境污染和产品质量等问题较为突出。纤维板和刨花板生产属于技术密集型产业，多年来企业通过技术创新提升核心竞争力，同时也推动了产业的升级。其中，东部沿海经济发达地区在加速淘汰落后产能方面走在前列。

人造板生产工艺决定了产品的质量与性能，由于加工方式不同，在大多数产品的生产过程中会产生不同程度、不同性质的污染，如空气污染、水污染、固体废物及噪声等。人造板生产排放的污染物种类、数量及组成取决于使用的原料、生产规模、生产工艺和生产管理状况等因素。人造板生产产排污节点较多，废水、废气、固体废物均有产生，特征污染因子种类较多，治理技术多样。

1.2.1 胶合板生产单元、产污环节、“三废”排放与治理技术

胶合板生产单元大致包括备料、旋（刨）切、干燥、单板整理、调（施）胶、热压、砂光和裁板等 8 个环节。一般生产工艺流程见图 1-9。

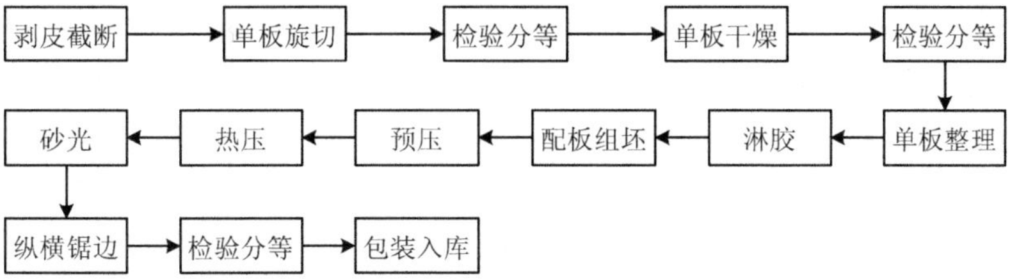

图 1-9 胶合板一般生产工艺流程

生产过程中产生的主要污染物包括悬浮物、COD_{Cr}、甲醛、游离甲醛、VOCs、粉尘及木芯、木屑、木条、板条等。

胶合板生产单元、产污环节、产污种类以及现有治理技术总体情况如图 1-10 所示。

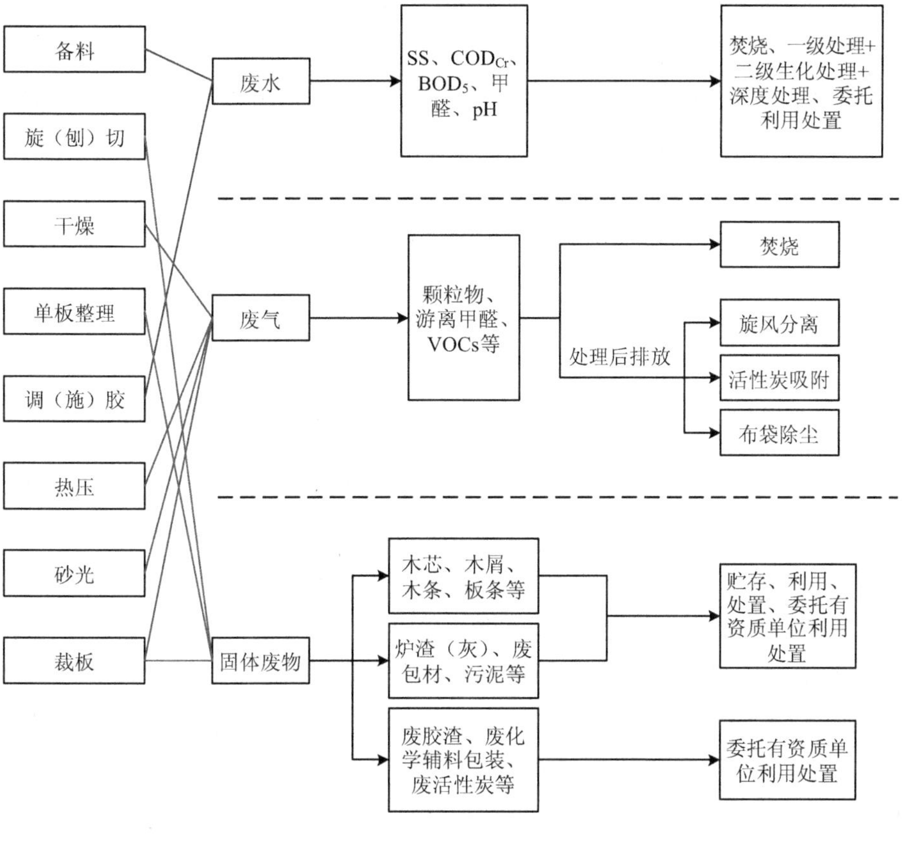

图 1-10 胶合板生产单元、产污环节、“三废”排放与治理技术

胶合板生产工艺的特点是热压温度低、热压机的单机规模小、生产系统风量小、整体污染负荷低。

1.2.2 纤维板生产单元、产污环节、“三废”排放与治理技术

纤维板生产分为削片工段、筛选与水洗工段、纤维制备与施胶干燥工段、铺装与热压工段、毛板处理工段以及砂光与裁板工段等。一般生产工艺流程见图 1-11。

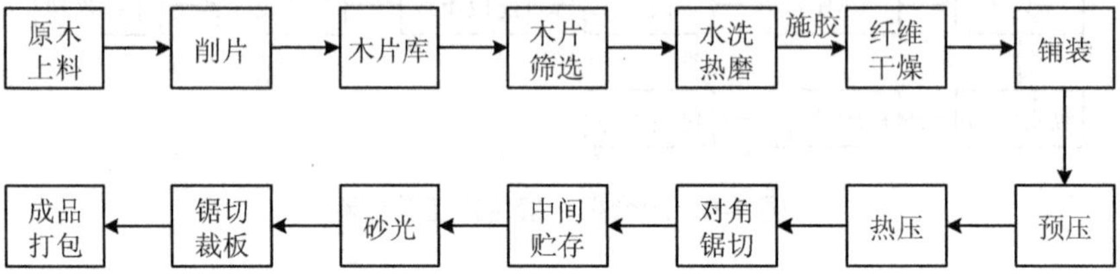

图 1-11 纤维板一般生产工艺流程

纤维板生产的主要设备有剥皮机、削片机、料仓、木片筛选机、木片水洗机、蒸煮罐、热磨机、拌胶机、干燥系统、气流分选机、铺装机、热压机、齐边锯、横截锯、砂光机等。配套设施包括运输机、热能中心、空压机系统、除尘系统、污水处理站等。

纤维板生产过程中产生的主要污染物包括原辅材料（如胶黏剂）使用排放的 VOCs，纤维板生产过程中产生的颗粒物、木片、木屑、板条，纤维水洗热磨过程产生的废水等，主要特征污染物为颗粒物、COD_{Cr}和 VOCs。

纤维板生产单元、产污环节、产污种类以及现有治理技术总体情况如图 1-12 所示。

纤维板生产过程中产生的污染物主要来自施胶干燥工段，主要污染物的量占企业排污总量的 80%，干燥系统的风量占生产系统总风量的 50%以上。

1.2.3 刨花板生产单元、产污环节、“三废”排放与治理技术

刨花板生产分为削片工段、刨花生产工段、干燥与分选工段、施胶工段、铺装与热压工段、毛板处理工段及砂光工段、裁板工段等。一般生产工艺流程见图 1-13。

刨花板生产的主要设备有削片机、料仓、木片筛选机、刨片机、干燥系统、气流分选机、打磨机、拌胶机、铺装机、热压机、齐边锯、横截锯、砂光机等。配套设施包括运输机、供热锅炉、热能中心、空压机系统、除尘系统等。

刨花板生产过程中产生的主要污染物包括原辅材料（如胶黏剂）使用排放的 VOCs，刨花板生产过程中产生的颗粒物、木片、木屑、刨花、板条等，主要特征污染物为颗粒物和 VOCs。

刨花板生产单元、产污环节、产污种类以及现有治理技术总体情况如图 1-14 所示。

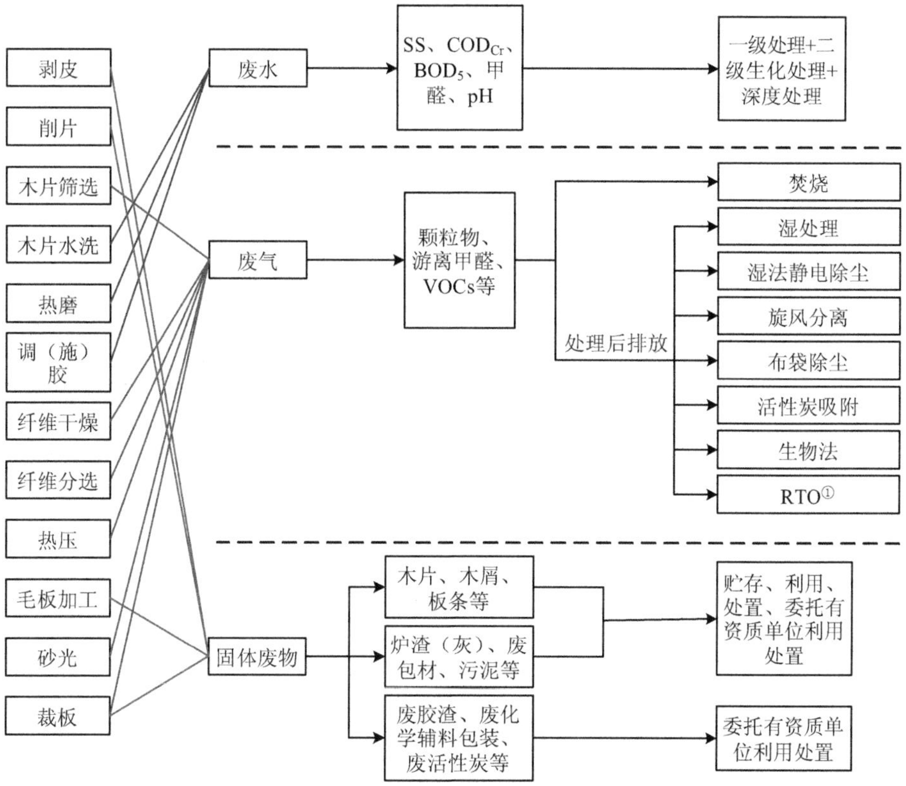

图 1-12 纤维板生产单元、产污环节、“三废”排放与治理技术

注：①RTO 为蓄热式有机废气焚烧处理设备。

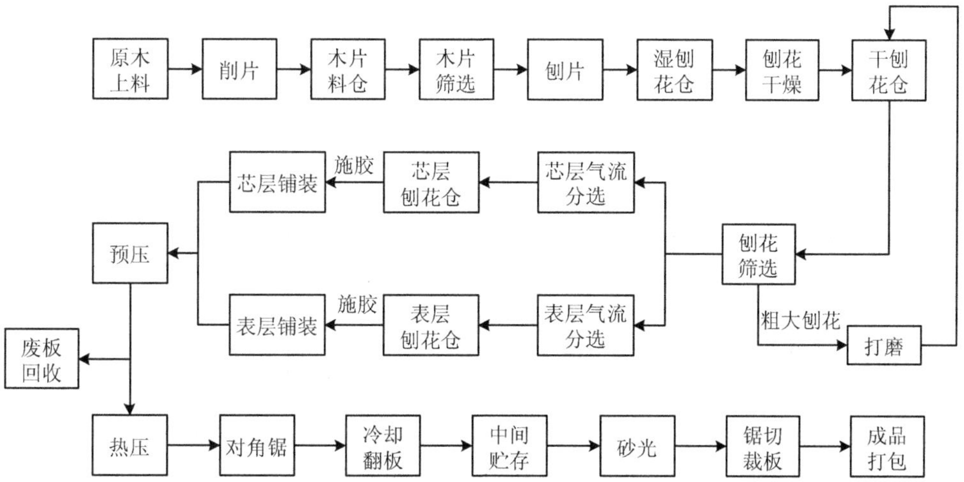

图 1-13 刨花板一般生产工艺流程

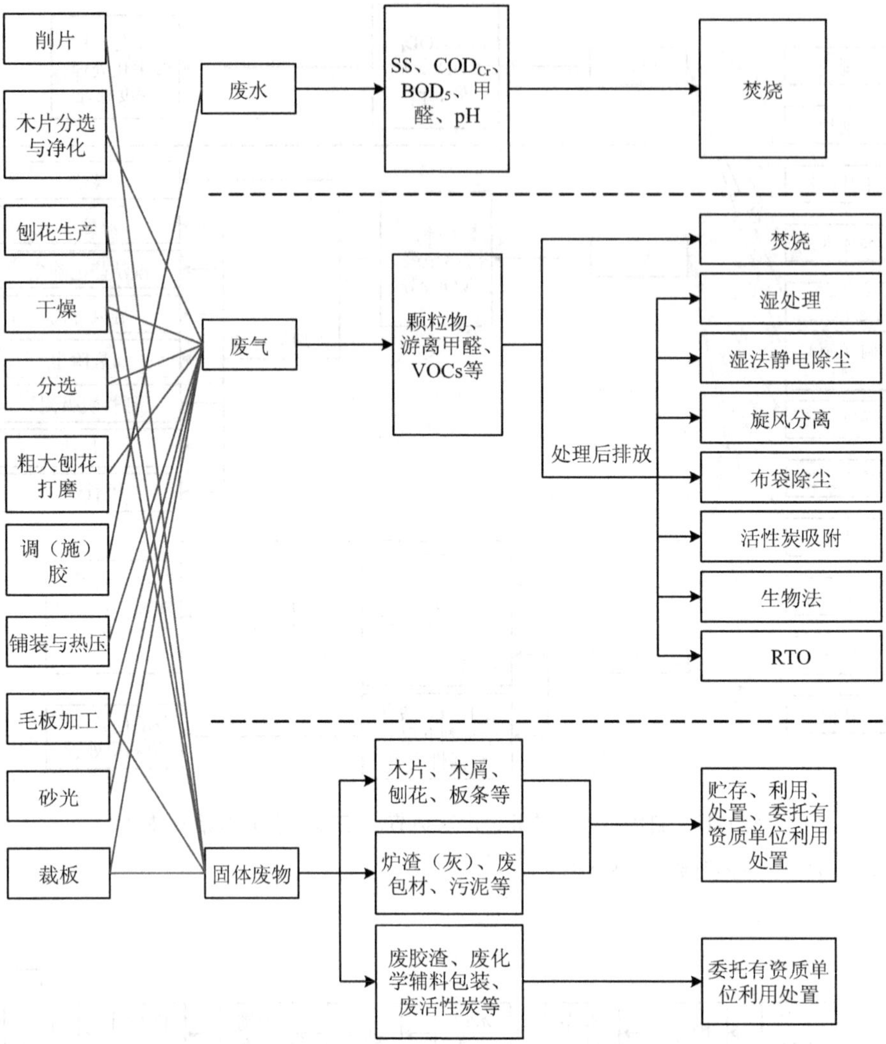

图 1-14 刨花板生产单元、产污环节、“三废”排放与治理技术

刨花板生产过程中产生的污染物主要来自干燥与分选工段，主要污染物的量占企业排污总量的 80%，干燥系统的风量占生产系统总风量的 50%以上。

1.2.4 其他人造板生产单元、产污环节、“三废”排放与治理技术

其他人造板主要包括细木工板、指接集成材等，生产过程中产生的主要污染物包括甲醛、VOCs、颗粒物、粉尘及木片、木屑、板条等。一般生产工艺流程见图 1-15。

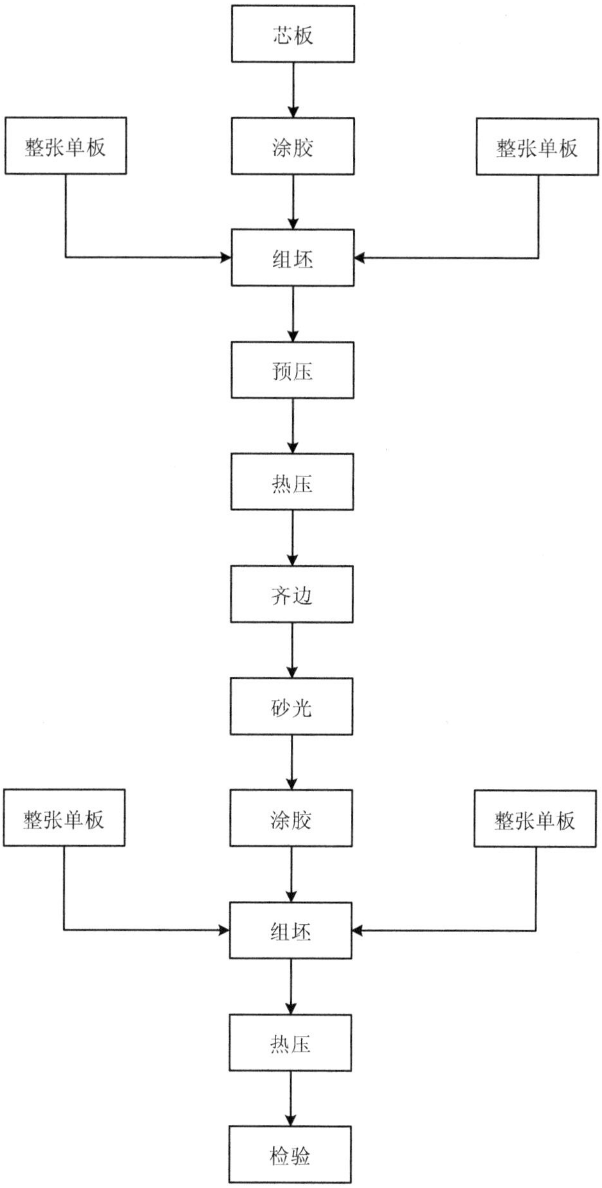

图 1-15 其他人造板一般生产工艺流程

其他人造板生产单元、产污环节、产污种类以及现有治理技术总体情况如图 1-16 所示。

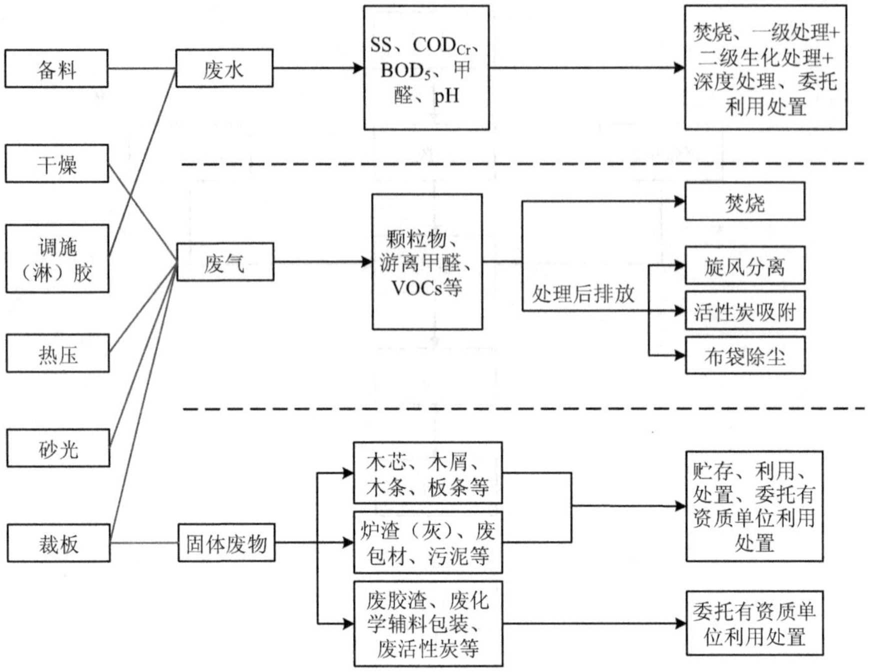

图 1-16　其他人造板生产单元、产污环节、“三废”排放与治理技术

其他人造板生产工艺特点和胶合板生产工艺特点类似，热压温度较低，热压机的单机规模小，生产系统风量小，整体污染负荷低。

1.3　污染控制现状

1.3.1　废气

1.3.1.1　有组织废气

（1）颗粒物

人造板企业大气污染物有组织排放的主要排放口为干燥尾气排放口、压机尾气排放口和除尘器废气排放口，这些排放口的颗粒物排放量为全厂颗粒物有组织排放量的85%～95%。干燥尾气、压机尾气颗粒物排放若采用布袋除尘结合湿法（水幕）除尘或湿法静电除尘，处理后的颗粒物排放浓度（标态）可低于 30 mg/m^3。随着各地环保工作的推进，人造板企业尤其是重点地区的企业对干燥尾气、压机尾气排放口进行了改造升级。针对干燥尾气，通过旋风叠加湿处理和湿法静电技术，提高除尘效率；针对压机尾气，通过增加旋风分离、布袋除尘、湿法静电除尘设备进行处理，确保污染物达标排放；对于铺装、砂光、锯切、分选等工段，采用旋风分离叠加布袋除尘的方法处理颗粒物，通过进一步降低布袋透气率、增大过滤面积、降低过滤风速来提高除尘效率，目前我国约有 95%的人造板企业除尘器颗粒物排放浓度（标态）小于 15 mg/m^3。

（2）甲醛

人造板企业排放的甲醛主要来自纤维干燥工段、热压工段排放的尾气。目前，纤维板企业干燥工段和热压工段大多采用湿处理、湿法静电除尘技术除甲醛，处理后甲醛排放浓度（标态）普遍小于 25 mg/m^3，约有 85%的企业甲醛排放浓度可达到小于 10 mg/m^3。

（3）挥发性有机物（VOCs）

人造板企业 VOCs 排放主要集中在干燥尾气和热压尾气中，根据人造板行业特点和环境管理要求，VOCs 用非甲烷总烃（NMHC）表征。纤维板和刨花板干燥尾气温度较高，含有胶黏剂、辅料以及木材自身的分解物，通常采用湿法静电除尘技术处理；热压工段的尾气中也含有胶黏剂、辅料以及木材自身的分解物等，处理方法包括焚烧、湿法静电、生物法、活性炭吸附等，绝大多数企业的 VOCs 排放浓度（标态）低于 100 mg/m^3。

（4）氮氧化物

人造板企业排放的氮氧化物主要来自供热锅炉的烟气及以热能中心烟气作为热介质的干燥尾气。人造板供热锅炉烟气参照锅炉排放标准执行。采用热能中心烟气供热的纤维板和刨花板生产企业干燥尾气中氮氧化物的排放量几乎占全厂氮氧化物排放量的 100%，氮氧化物控制技术包括选择性非催化还原技术（SNCR）和选择性催化还原技术（SCR）等末端治理技术。

人造板企业热能中心自身具备脱硝能力，并且正常工况下，热能中心的烟气作为干燥介质本身不外排。烟气与物料混合后，形成干燥尾气，干燥尾气经尾气处理系统处理后，氮氧化物排放量降低，一般企业氮氧化物排放浓度低于 200 mg/m^3。

（5）其他污染物

少数人造板企业生产中排放的有机废气仍含有酚类、二氧化硫等污染物，由于此类污染物排放量较小，而处理成本却较高，目前针对此类污染物的治理措施和设施较少，大多通过对原料的控制来减少此类污染物的排放。

目前，人造板工业污染物排放标准正在编制中，人造板排污单位主要执行《大气污染物综合排放标准》（GB 16297—1996）和《污水综合排放标准》（GB 8978—1996），这些标准在部分地区已不能满足环境管理的需求，一些地区制定了更为严格的地方标准。部分企业已经开始先期技术改造，采用旋风分离和喷淋处理后颗粒物浓度可控制在 30～50 mg/m^3，采用旋风分离+喷淋+湿静电处理后颗粒物浓度可控制在 10～30 mg/m^3。

1.3.1.2 无组织废气

人造板工业大气无组织排放的污染物主要是物料储存和运输过程中产生的颗粒物，

生产过程中铺装、锯切、分选、物料运输等工段产生的颗粒物，以及调（施）胶工段溢散的甲醛和 VOCs 等。

目前的主要处理措施有：粉状原料采用袋装或罐装等密封措施并贮存于储库、堆棚中；粒状、块状散装原料贮存于储库、堆棚中，或四周设置防风抑尘网、挡风墙，或采取覆盖措施；物料厂内转移、输送采取密闭或覆盖等抑尘措施；VOCs 物料贮存于密闭的容器、储罐、储库中，盛装 VOCs 物料的容器在非取用状态加盖保持密闭，转移 VOCs 物料时，采用密闭容器。

1.3.2 废水

人造板工业排污单位废水排放量较小，一般仅纤维板生产企业设置污水处理站。

废水主要分为生活污水和生产废水。纤维板生产企业在厂区设置污水处理站，废水处理前呈弱酸性，COD 浓度高达 25 000 mg/L、悬浮物浓度 7 000 mg/L、氨氮浓度 154 mg/L、生化需氧量浓度 2 100 mg/L、甲醛浓度 7 mg/L；废水采用生物处理后呈中性，COD 浓度可降至 100 mg/L 以下、悬浮物浓度降至 20 mg/L 以下、生化需氧量浓度降至 30 mg/L 以下、甲醛浓度降至 0.5 mg/L 以下。刨花板、胶合板生产废水和生活污水通常在厂区处理后达标排放或汇入市政管网排放。

2 国内外人造板工业排污许可制度及管理

2.1 国外人造板工业排污许可制度及标准

近 30 年来，世界人造板工业持续发展，有关人造板生产过程中污染物排放的控制，美国、欧洲等发达国家和地区较早地制定了相关标准和政策，并取得了显著成效。

2.1.1 国外人造板工业排污许可相关制度

（1）美国排污许可制度

美国是最早推行排污许可制度的国家，其排污许可制度是由水到气逐步发展完善的。1970 年颁布的《废弃物法案》中第一次确立了排污许可制度，1972 年，美国颁布《联邦水污染控制法》[《清洁水法》（CWA）前身]，由此确立了美国水污染物排污许可制度；1990 年，美国修订《清洁空气法》（CAA），由此确立了美国大气污染物排污许可制度。目前，美国已经建立起了一套相对成熟的排污许可制度体系，成效颇为显著。美国当前采取的为单向许可制度，不同类型的环境要素采用各自独立的许可证立法，不同类型的污染行为均要获得对应的许可，而现有的许可主要有水污染排放许可、大气污染排放许可两种类型。

水污染排放许可制度。1899 年，美国就水污染许可领域颁布了《垃圾法》，为美国水污染排放许可制度的确立奠定了坚实的基础。1972 年，美国政府对水污染领域的有关法律法规进行了全面的整合和梳理，出台了《联邦水污染控制法》，该法在 1977 年经过修订后改名为《清洁水法》，该法的出台对美国水体水质状况的维护和保持起到了重要作用。《清洁水法》中明确提出“国家消除污染物排放制度”，也明确了实行水污染排放许可制度。根据《清洁水法》的授权，美国联邦政府出台了水污染排放许可证管理办法。美国水污染排放许可证包括个别许可证和一般许可证两种类型，前者适用于单个设施，有效期是五年，若过期则需要再次申请；后者对某一特定类别中多个设施同时进行管制。

大气污染排放许可制度。与水污染排放许可制度相比，美国大气污染排放许可制度建立较晚。1977 年，《清洁空气法》修订后引入了第一个大气污染排放许可证。1990 年，《清洁空气法》的修订，标志着美国最终建立了一套全面的大气污染排放许可制度。美国的大气污染排放许可证主要包括运营许可证、酸雨许可证和建设许可证三种类型。

此外，美国国家环保局具体负责排污许可管理，在相关法律的授权之下，按照一定的条件和要求签发联邦许可证。同时，美国国家环保局可将全部或一部分签发许可证的权力授权州或地方政府执行。目前，各州政府普遍得到了联邦政府的授权，在各自的辖区内核发排污许可证并进行管理；对于未得到授权的州，则由美国国家环保局区域办公室负责许可证的核发。与此同时，美国国家环保局有权监督各州排污许可证的核发和管理工作，有权对各州发放的许可证进行审核，并且否决与联邦要求有冲突的地方。

美国排污许可制度实施程序见图 2-1。

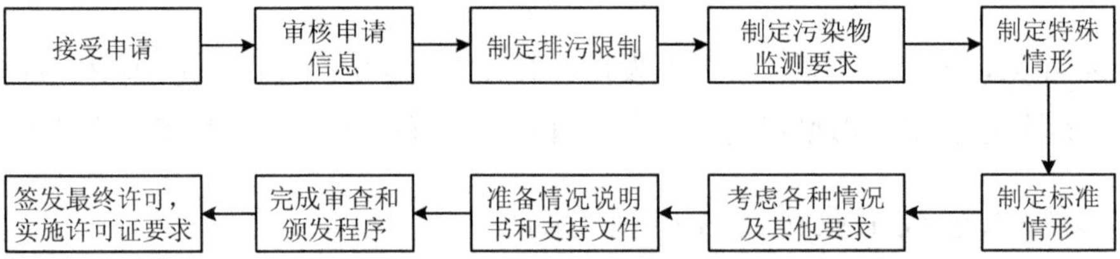

图 2-1　美国排污许可制度实施程序

（2）欧盟排污许可制度

1996 年欧盟出台《欧盟综合污染预防与控制指令》（IPPC 指令），在此基础上发展形成欧盟排污许可制度。IPPC 指令是统领欧盟整个污染领域的方针政策，要求各成员国实施排污许可制度。该指令包括土壤污染、大气污染、水污染等多个领域，以排污设施为单位，对排污设施造成污染的程度、能源的利用、废弃物的处置、噪声污染、事故预防、生态修复等内容予以分析。

IPPC 指令确立的初衷是依托于最佳可行技术（BAT）明确污染物的排放额度，但是具体到实践当中，由于成员国在制定决策方面拥有较大的自主权，出现了诸多与预设条件相偏离的许可证。由于 BAT 文件只是作为参考，并不具备法律约束力，一些国家基于利益的考虑，在实施中常常以各种借口将标准降低，排污许可证虽然已经发放，但质量却存在一定问题。2010 年，欧盟委员会批准正式推行《工业排放指令》（即 IED 指令），这是围绕 IPPC 指令经过一些补充和修订而形成的指令，其中新增了一些内容：成员国在开展排污许可工作的过程中要以 IED 指令为准绳，要严格按照要求核发许可证，不允许违规和越权操作，除此之外，成员国还要履行好自己的监督责任，要适时提出意见和看法，做好信息的反馈工作；IED 指令被成员国转化为内部法规后，如有违反行为则要严厉处置。

（3）日本排污申报制度

1969 年，日本制定《大气污染防治法》，之后经过多次修订形成了排污申报制度。日本排污申报制度包括对污染物排放标准、污染源审查与管理、排污者监测和申报、事故处理与处置等各个方面的要求。《大气污染防治法》除了对烟气、挥发性有机物、粉尘的排放制定了详细的标准外，还对一些虽然排放时的浓度不会对人体产生直接影响，但长期摄入会造成不良伤害的物质也进行了规定。目前，日本共有 234 种物质被定义为有害污染物，其中需要优先治理的污染物有 23 种。

排污申报制度，类似其他很多国家的排污许可制度，但不同的是，对于排放申报机构或个人，日本并没有所谓的许可证发放。环境主管部门需要结合行为方报告的有关污染程度、排污量等方面的信息来判断是否要发放排污许可证，反馈最终意见时间不会超出接到报告日后的两个月，若两个月内依然无反馈信息，一般视为各方面均已达标。日本主要通过测定浓度来判断污染的控制情况，其不是用量作为衡量的依据，如果超过了浓度规定，那么就要考虑对行为人予以处罚，对于有些地方而言，污染严重且浓度较高，就会采取一些强制措施。

以具有代表性的烟气为例，日本《大气污染防治法》中的规定大都涉及“烟气”，其设置了 4 项判断其排放达标与否的标准，这些标准严格程度由低至高，依次是一般排放标准、特别排放标准、附加排放标准和总量控制标准。其中一般排放标准中囊括了全部的烟气排放设施，由中央政府负责制定；特别排放标准，所面向的只是新建排放设施，局限于重度大气污染地区适用；附加排放标准是针对一些大气污染恶劣，且在实施了前面两项标准之后还未得到有效控制的区域而由都道府县的立法机构特别设立的；总量控制标准，是针对一些大型的排放量较高的企业采取的一种烟气污染防控手段。上述几种标准均有不同侧重，共同构成了一个相对齐备的污染防治体系，严厉程度逐一递增，各都道府县可灵活实施。从法律形式来看，排污申报制度显得刚性有所欠缺，完整性存在瑕疵。

（4）其他国家排污许可制度

英国排污许可制度是建立在其 2007 年颁布的《环境许可条例》基础之上的，这项条例不仅涵盖了欧盟对环境问题的各项指令，而且涵盖了英国过去几十年对排污许可证的探索。相对于美国，英国的排污许可制度更为简单。英国的排污许可证分为标准许可证和定制许可证两种类型。标准许可证会列出一系列固定的排污行为，要求许可证持有人遵守这些标准规定，申请标准许可证的流程相对简洁且高效，导则文件简明扼要；定制许可证是规范那些不在标准许可证规定的活动范围之内的排污行为，其申请和维护需要花费较多的时间和费用。虽然英国排污许可制度的体系结构相对较为简单，但在很多法律中都有涉及限制污染物排放的相关内容，仅在水资源保护方面就专设了多个部门法，如《水框架法》《饮用水法》《洗浴水法》《城市废水处理法》等。

德国排污许可制度是在其1974年颁布的《联邦排放控制法》的基础上发展而来的，该法规对排污许可证核发要求和程序等进行了详细规定。随后德国将欧盟BAT纳入本国法律中，以更好地贯彻IPPC指令。德国排污许可管理体系主要分为联邦、州、地方三个级别。其中，联邦环境部门主要负责环境政策和法规框架的制定，对排污许可制度的程序、内容等进行详细规定；州政府和地方行政部门负责辖区内环境执法以及排污许可证的核发和监督管理工作。德国的排污许可证是对设施建设和运营作出的综合且集中的许可，该综合且集中的许可不仅涵盖了废水、废气、噪声、固体废物各要素的许可要求，还整合了建设、自然保护、消防、安全、铁路建设和运营、有害水源物质的处置和操作的批准以及职业健康等众多非环保部门的许可要求。

此外，澳大利亚从20世纪90年代末期开始实施排污许可证管理。各州都有自己的环保法规，取得了良好效果。

从各国的实践情况来看，排污许可制度是多数国家环境管理制度中的一项核心制度，它已成为国际公认的环境管理体系，能取得良好的环境管理效果，在改善环境质量和控制污染物排放方面，具有其他环境管理体系无法替代的功能和地位。世界大多数国家，尤其是发达国家都根据自己的情况制定了一整套排污许可制度，只是各个国家的排污许可制度在表述上各有差异，侧重点有所不同。

2.1.2 国外人造板工业污染物排放标准

（1）美国

根据美国《清洁空气法》的规定，通过对污染源实行排放限制，从而达到环境空气质量标准。排放限制包括排放标准以及为减少污染排放而对污染源所作出的任何规定。排放限制的核心是排放标准，它是按照立法程序制定、发布和实施的，是典型的技术法规。美国的大气排污许可证核发主要以固定污染源的常规大气污染物、有害大气污染物及温室气体的年潜在排放量（即连续运行状态下的最大排放量，以一年8 760 h计）为依据。美国的常规大气污染物共6种，包括一氧化碳、二氧化氮、颗粒物（PM_{10}和$PM_{2.5}$）、地面臭氧前体物（包括氮氧化物和挥发性有机物）、二氧化硫、铅；有害大气污染物共187种，包括17种无机物和170种有机物；温室气体共6种，包括二氧化碳、甲烷、氧化亚氮、氢氟碳化合物、全氟碳化合物及六氟化硫。相关污染物年潜在排放量超过一定值的固定污染源需获取相应的许可证。

美国《清洁水法》第四部分规定在美国建立国家污染物排放削减体系许可证（NPDES）制度。通过控制污染物向自然水体排放，实现全国水体的完整性。NPDES将污染物分为传统污染物、非传统污染物和有毒污染物，其中传统污染物包括BOD_5、总悬浮固体、酸碱、油和油脂以及一些重金属；有毒污染物主要包括金属和人造有机化合物；非传统污染物包括氮、氨、磷等。所有将污染物排放到美国规定水体中的点源都必须持有许可证。

（2）欧洲

IED 指令是欧盟监管工业装置污染物排放的主要工具，根据实施机制的不同，分为两种情况：一是对于大型燃烧装置、废物焚烧、有机溶剂使用，直接在附件中规定排放限值，各国予以执行；二是在 IPPC 框架下，对 6 大类 38 个行业制订 BAT 指南文件，在指南文件中评估 BAT 并给出建议值（限值范围），各国需要结合本国情况将其转化为国内标准予以实施。其中指南文件对人造板行业中刨花板、中密度纤维板以及定向刨花板进行了规定。根据 BAT 指南文件，人造板工业大气污染物排放指标值及要求如表 2-1 所示。

表 2-1 根据 BAT 指南文件制定的人造板工业大气污染物排放指标值及要求

待测物	来源	限定指标值	控制类型	监测频次
颗粒物	刨花板或定向刨花板直接加热产生的干燥尾气、压机尾气	3～30 mg/m^3（标态）	采样平均值	每半年 1 次
	刨花板或定向刨花板间接加热产生的干燥尾气、压机尾气	3～10 mg/m^3（标态）		
	纤维板干燥尾气、压机尾气	3～20 mg/m^3（标态）		
TVOC（总挥发性有机物）	刨花板干燥尾气、压机尾气	20～200 mg/m^3（标态）	采样平均值	每半年 1 次
	定向刨花板干燥尾气、压机尾气	10～400 mg/m^3（标态）		
	纤维板干燥尾气、压机尾气	20～120 mg/m^3（标态）		
甲醛	刨花板干燥尾气、压机尾气	5～10 mg/m^3（标态）	采样平均值	每半年 1 次
	定向刨花板干燥尾气、压机尾气	5～20 mg/m^3（标态）		
	纤维板干燥尾气、压机尾气	5～15 mg/m^3（标态）		
醛类	刨花板干燥尾气、压机尾气	20 mg/m^3（标态）	采样平均值	每季度 1 次
氮氧化物	直接加热产生的干燥尾气	30～250 mg/m^3（标态）	采样平均值	每半年 1 次
酚类	压机与干燥窑	5 mg/m^3（标态，平均每 2 h 的苯酚排放量）	采样平均值	每季度 1 次
异氰酸酯类	压机与干燥窑	5 mg/m^3 [标态，平均每 2 h 的总 NCO（异氰酸酯基团）排放量]	采样平均值	每季度 1 次
二氧化硫	燃料燃烧过程中的硫	参照 EN 14791	采样平均值	每年 1 次
恶臭	所有排放点	在场地外无恶臭	观测计量	每日

根据 BAT 指南文件，人造板工业水体污染物排放指标值及要求如表 2-2 所示。

表 2-2　根据 BAT 指南文件制定的人造板工业水体污染物排放指标值及要求

待测物	基准排放浓度/（mg/L）
TSS	10～40（地表径流水直接排放到受纳水体）
	5～35（木纤维生产过程废水直接排放到受纳水体）
COD	20～200（木纤维生产过程废水直接排放到受纳水体）

（3）日本

日本空气环境质量标准项目主要分为传统大气污染物、有害大气污染物（苯、三氯乙烯、四氯乙烯和二氯甲烷）、有毒有害化学物质（二噁英）和微小粒子状物质（$PM_{2.5}$）四个部分。具体项目和标准限值如表 2-3 所示。人造板工业不设单独的标准，遵从空气环境质量标准和水体污染物排放标准限值。

表 2-3　日本空气环境质量标准限值

污染物分类	污染物	浓度限值	浓度单位
传统大气污染物	二氧化硫	1 小时平均的 1 日均值≤0.04，且 1 小时均值≤0.1	ppm*
	一氧化碳	1 小时平均的 1 日均值≤10，且 1 小时监测值的 8 小时均值≤20	
	悬浮颗粒物	1 小时平均的 1 日均值≤0.1，且 1 小时均值≤0.20	mg/m^3
	二氧化氮	1 小时平均的 1 日均值≤0.06（高度污染地区） 1 小时平均的 1 日均值≤0.04（其他地区）	ppm
	光化学氧化剂	1 小时平均值≤0.06	
有害大气污染物	苯	年均值≤0.03	mg/m^3
	三氯乙烯	年均值≤0.2	
	四氯乙烯	年均值≤0.2	
	二氯甲烷	年均值≤0.15	
有毒有害化学物质	二噁英	年均值≤0.6	TEQ/m^3
微小粒子状物质	$PM_{2.5}$	年均值≤15 且日均值≤35	$\mu g/m^3$

注：* 1 ppm=10^{-6}。

为控制水环境污染，日本以《水污染防治法》为基础，制订了一系列水环境保护法规与标准，规范工业企业和商业设施向公共水域排放污染物。受控的工业企业和商业设施的污染物排放浓度需控制在规定的范围以内，具体限值如表 2-4 所示。

表 2-4 日本水体污染物排放限值

项目	参考值	项目	参考值
镉	≤0.01 mg/L	1,1,1-三氯乙烷	≤1 mg/L
总氰化物	不得检出	1,1,2-三氯乙烷	≤0.006 mg/L
铅	≤0.01 mg/L	三氯乙烯	≤0.03 mg/L
六价铬	≤0.05 mg/L	四氯乙烯	≤0.01 mg/L
砷	≤0.01 mg/L	1,3-二氯丙烯	≤0.002 mg/L
总汞	≤0.000 5 mg/L	秋兰姆	≤0.006 mg/L
烷基汞	不得检出	西玛津	≤0.003 mg/L
多氯联苯	不得检出	杀草丹	≤0.02 mg/L
二氯甲烷	≤0.02 mg/L	苯	≤0.01 mg/L
四氯化碳	≤0.002 mg/L	硒	≤0.01 mg/L
1,2-二氯乙烷	≤0.004 mg/L	硝酸盐氮或亚硝酸盐氮	≤10 mg/L
1,1-二氯乙烯	≤0.02 mg/L	氟	≤0.8 mg/L
顺-1,2-二氯乙烯	≤0.04 mg/L	硼	≤1 mg/L
1,4-二氧六环	≤0.05 mg/L		

（4）其他

德国在《空气质量控制技术指南》（TALuft）中规定，通过排污许可制度实施来达到大气污染物排放控制的要求。该指南采取了污染物分类分级的控制思路：将污染物分为致癌物、颗粒物（包括重金属）、无机气态污染物、有机物等几类，其下又按健康和环境影响分为 3～4 个级别。将每种污染物都归入相应级别中，执行该级别统一的排放限值。

除此之外，澳大利亚、韩国、泰国、印度等国家也有相关环境空气质量标准，其主要污染物包括二氧化硫、一氧化碳、二氧化氮、臭氧、PM_{10} 和铅化合物，但各国在控制项目上存在一定的差异。例如，泰国加强对挥发性有机物的控制；澳大利亚没有把臭氧作为单独控制项目，而是将光化学氧化剂作为控制项目；其他发达国家均将 $PM_{2.5}$ 列为重点控制项目，而部分亚洲国家和地区尚未将其列入。

2.2 我国排污许可制度

2.2.1 排污许可制度发展历程

20 世纪 80 年代中期，我国开始试行排污许可制度，并在《中华人民共和国环境保护法》《中华人民共和国水污染防治法》《中华人民共和国大气污染防治法》及《中华人民共和国水污染防治法实施细则》中规定了有关排污许可的内容。多年来，我国在法律和政策上对排污许可制度做出了诸多探索。1988 年《水污染物排放许可证管理暂行办法》

标志着我国排污许可制度的建立，该办法规定了在污染物总量控制的基础上，通过申请，办理相关水污染排放许可证，从而实现总量控制。2008 年《中华人民共和国水污染防治法》第二十条规定，直接或者间接向水体排放工业废水和医疗污水以及其他按照规定应当取得排污许可证方可排放的废水、污水的企业事业单位，应当取得排污许可证，城镇污水集中处理设施的运营单位，也应当取得排污许可证；2014 年《中华人民共和国环境保护法》第四十五条规定，国家依照法律规定实行排污许可管理制度；2014 年环境保护部发布《排污许可证管理暂行办法》（征求意见稿）；2015 年《中华人民共和国大气污染防治法》第十九条规定，排放工业废气或者本法第七十八条规定名录中所列有毒有害大气污染物的企业事业单位、集中供热设施的燃煤热源生产运营单位以及其他依法实行排污许可管理的单位，应当取得排污许可证；2015 年《中共中央国务院关于加快推进生态文明建设的意见》提出完善生态环境监管制度，完善污染物排放许可证制度，禁止无证排污和超标准、超总量排污；2015 年《生态文明体制改革总体方案》提出尽快在全国范围建立统一公平覆盖所有固定污染源的企业排放许可制，依法核发排污许可证，排污者必须持证排污。

目前，以排污许可制度为核心的环境管理体系改革正在进行，其间国家出台了有关排污许可的政策性文件和规范性文件。2016 年 11 月，国务院办公厅印发《控制污染物排放许可制实施方案》，对完善排污许可制度、实施企事业单位排污许可证管理作出部署。2016 年 12 月，环境保护部发布了《排污许可证管理暂行规定》，明确了排污许可证申请、核发、执行、监管等具体要求，同步发布了《关于开展火电、造纸行业和京津冀试点城市高架源排污许可证管理工作的通知》，启动了火电、造纸行业排污许可证申请与核发的相关工作。2018 年 1 月，环境保护部发布实施《排污许可管理办法（试行）》，规定了排污许可证核发程序、监督管理原则要求等内容，细化了环境保护主管部门、排污单位和第三方机构的法律责任，为改革完善排污许可制迈出了坚实的一步。2021 年 1 月，李克强总理签署国务院令第 736 号，《排污许可管理条例》正式公布并于 2021 年 3 月 1 日起正式施行，条例的实施是排污许可制度改革决策部署的重要举措，将为全面实行排污许可制，落实精准治污、科学治污、依法治污，推进国家生态环境治理体系和治理能力现代化提供有力支撑。

目前，我国已发布多个行业的排污许可技术规范，基本覆盖了重点污染源，未发放行业技术规范的行业按总则执行，形成了“总则+分行业的技术规范”体系。建成了全国统一的排污许可管理信息平台，实现了污染源全过程、信息化管控。同时，也总结出了成熟的、可复制的行业管理经验，对未发放排污许可证的行业具有借鉴意义。

2.2.2 人造板工业相关标准

（1）国家及行业标准

我国人造板工业现行适用的主要环境保护标准有 24 项，其中涉及生产环境保护标准 15 项、产品甲醛和 VOCs 释放量排放限值标准 7 项、产品环境标志和绿色产品评价标准 2 项。具体见表 2-5。

表 2-5 我国现行人造板工业适用的主要环境保护标准

序号	名称	编号
1	大气污染物综合排放标准	GB 16297—1996
2	锅炉大气污染物排放标准	GB 13271—2014
3	污水综合排放标准	GB 8978—1996
4	一般工业固体废物贮存和填埋污染控制标准	GB 18599—2020
5	工业企业厂界环境噪声排放标准	GB 12348—2008
6	恶臭污染物排放标准	GB 14554—1993
7	合成树脂工业污染物排放标准	GB 31572—2015
8	人造板工业清洁生产技术要求	GB/T 29903—2013
9	人造板工业清洁生产评价指标体系	GB/T 29904—2013
10	人造板工程环境保护设计规范	GB/T 50887—2013
11	挥发性有机物无组织排放控制标准	GB 37822—2019
12	清洁生产标准　人造板行业（中密度纤维板）	HJ/T 315—2006
13	排污许可证申请与核发技术规范　总则	HJ 942—2018
14	排污单位环境管理台账及排污许可证执行报告技术规范　总则（试行）	HJ 944—2018
15	排污许可证申请与核发技术规范　人造板工业	HJ 1032—2019
16	室内装饰装修材料　人造板及其制品中甲醛释放限量	GB 18580—2017
17	人造板及其制品甲醛释放量分级	GB/T 39600—2021
18	基于极限甲醛释放量的人造板室内承载限量指南	GB/T 39598—2021
19	人造板及其制品 VOCs 释放下的室内承载量规范	LY/T 3229—2020
20	人造板及其制品挥发性有机化合物释放量分级	LY/T 3230—2020
21	人造板甲醛释放限量	T/CNFPIA 1001—2019
22	无醛人造板及其制品	T/CNFPIA 3002—2018
23	绿色产品评价　人造板和木质地板	GB/T 35601—2017
24	环境标志产品技术要求　人造板及其制品	HJ 571—2010

目前，我国还没有针对人造板工业的大气污染物和水污染物排放标准，人造板工业污染物排放目前主要执行《污水综合排放标准》（GB 8978—1996）、《大气污染物综合排放标准》（GB 16297—1996）、《挥发性有机物无组织排放控制标准》（GB 37822—2019）等相关标准和规范，待人造板工业污染物排放标准发布后，从其规定；地方有更严格排放标准要求的，从其规定。锅炉直接排放环境的废气执行《锅炉大气污染物排放标准》（GB 13271—2014）。环境保护部 2018 年复函国家林业局《关于木材加工及人造板行业有关环保政策的复函》（环办大气函〔2018〕136 号）文件中也明确对于热力中心动力锅炉直接排放环境的废气，应执行《锅炉大气污染物排放标准》（GB 13271—2014），对于将锅炉产生的热烟气引入干燥工序，干燥尾气应执行《大气污染物综合排放标准》（GB 16297—1996），人造板工业污染物排放标准发布后，按其要求执行。地方有更严格排放控制要求的，按地方要求执行。

（2）地方标准

目前，明确涉及人造板工业污染物排放的地方标准包括河北省《工业企业挥发性有机物排放控制标准》（DB 13/2322—2016）、《四川省固定污染源大气挥发性有机物排放标准》（DB 51/2377—2017）、福建省《工业企业挥发性有机物排放标准》（DB 35/1782—2018）、山东省《挥发性有机物排放标准　第 7 部分：其他行业》（DB 37/2801.7—2019）、山东省《区域性大气污染物综合排放标准》（DB 37/2376—2019）、天津市《工业企业挥发性有机物排放控制标准》（DB 12/524—2020）等（表 2-6）。各地排放标准设定的管控指标不尽相同，有的仅关注排放浓度，有的同时规定了排放浓度、排放速率限值以及无组织废气的排放浓度等（表 2-7）。

表 2-6　人造板工业相关地方的大气污染物排放标准制定情况

标准名称	标准编号	执行时间	适用范围	控制项目
河北省《工业企业挥发性有机物排放控制标准》	DB 13/2322—2016	2016.2.24	适用于现有和新建工业企业或生产设施的废气中挥发性有机物的排放管理	1. 监测指标：苯、甲苯、二甲苯、VOCs； 2. 有机废气排放口大气污染物排放限值：苯、甲苯、二甲苯、甲醛、VOCs； 3. 企业边界大气污染物浓度限值：苯、甲苯、二甲苯、甲醛、VOCs、丙酮、酚类； 4. 生产车间或生产设备边界大气污染物浓度限值：苯、甲苯、二甲苯、甲醛、VOCs、丙酮； 5. 规定了废气中 VOCs 的去除效率； 6. 监测点位包括排气筒、厂界、无组织监控点； 7. 控制挥发性有机物排放的生产工艺和管理要求

标准名称	标准编号	执行时间	适用范围	控制项目
《四川省固定污染源大气挥发性有机物排放标准》	DB 51/2377—2017	2017.8.1	适用于现有固定污染源的大气挥发性有机物排放管理	1. 监测指标：苯、甲苯、二甲苯、甲醛、VOCs； 2. 第一阶段排气筒挥发性有机物排放限值：VOCs； 3. 第二阶段排气筒挥发性有机物排放限值：VOCs； 4. 无组织排放监控浓度限值：苯、甲苯、二甲苯、VOCs； 5. 无组织排放监控浓度限值：甲醛； 6. 污染物监测项目测定方法； 7. 提出工艺措施和管理要求； 8. 最高允许排放速率计算； 9. 最低去除效率； 10. 等效排气筒有关参数计算、去除效率计算
福建省《工业企业挥发性有机物排放标准》	DB 35/1782—2018	2018.9.1	适用于现有工业企业的挥发性有机物排放管理，以及新建、改建、扩建项目的环境影响评价、排污许可证、环境保护设施设计、竣工环境保护验收及其投产后的挥发性有机物排放管理	1. 排气筒挥发性有机物排放限值：苯、甲苯、二甲苯、甲醛、VOCs； 2. 厂区内监控点浓度限值：VOCs； 3. 企业边界监控点浓度限值：甲醛； 4. 监测点位包括排气筒、厂界、无组织监控点； 5. 规定了最高排放速率和最低去除效率； 6. 提出生产工艺管理和操作技术要求
山东省《挥发性有机物排放标准　第7部分：其他行业》	DB 37/2801.7—2019	2019.9.7	适用于现有人造板工业企业或生产设施的挥发性有机物和恶臭污染物排放管理，以及新建、改建、扩建项目的环境影响评价、环境保护设施设计、环境保护设施验收、排污许可及其投产后的挥发性有机物和相关恶臭污染物排放管理	1. 有组织排放VOCs排放限值； 2. 厂界监控点浓度限值：VOCs、臭气浓度等
山东省《区域性大气污染物综合排放标准》	DB 37/2376—2019	2019.11.1	适用于现有企业或生产设施的大气污染物排放管理，以及新建、改建、扩建项目的环境影响评价、环境保护设施设计、环境保护设施验收、排污许可及其投产后的大气污染物排放管理	固定源大气二氧化硫、氮氧化物及颗粒物三种污染物的排放限值和监测要求
天津市《工业企业挥发性有机物排放控制标准》	DB 12/524—2020	2020.11.1	适用于现有和新建排污单位废气中挥发性有机物的排放管理，以及建设项目的环境影响评价、环境保护设施设计、竣工环境保护验收、排污许可证核发及其投产后挥发性有机物的排放管理	1. 有组织挥发性有机物排放限值：苯、甲苯与二甲苯合计、非甲烷总烃、TRVOC； 2. 无组织挥发性有机物排放浓度限值：苯、苯系物、VOCs

表 2-7　人造板工业相关地方大气污染物排放标准主要指标

标准名称	工艺设施	污染物项目	最高允许排放浓度/（mg/m^3）	与排气筒高度对应的最高允许排放速率/（kg/h）				最低去除效率/%
				15 m	20 m	30 m	40 m	
河北省《工业企业挥发性机物排放控制标准》	有机废气排放口	VOCs	60	—	—	—	—	70
		苯	1	—	—	—	—	
		甲苯与二甲苯合计	20	—	—	—	—	
		甲醛	5	—	—	—	—	
《四川省固定污染源大气挥发性有机物排放标准》		VOCs	60	3.4	6.8	20	36	80
福建省《工业企业挥发性有机物排放标准》	制胶、施胶、热压、干燥等设施	苯	1	0.3	0.7	1.8	3.2	—
		甲苯	10	0.6	1.2	3.2	5.8	—
		二甲苯	20	0.6	1.2	3.2	5.8	—
		甲醛	5	0.18	0.3	1.0	1.8	—
		VOCs	60	1.8	3.6	9.6	17.4	—
山东省《挥发性有机物排放标准　第7部分：其他行业》	—	VOCs	Ⅰ时段：80 Ⅱ时段：40	6/3（Ⅰ时段/Ⅱ时段）	12/6（Ⅰ时段/Ⅱ时段）	32/16（Ⅰ时段/Ⅱ时段）	58/29（Ⅰ时段/Ⅱ时段）	—
山东省《区域性大气污染物综合排放标准》	—	颗粒物	核心控制区：5 重点控制区：10 一般控制区：20	—	—	—	—	—
		二氧化硫	核心控制区：35 重点控制区：50 一般控制区：100	—	—	—	—	—
		氮氧化物（以 NO_2 计）	核心控制区：50 重点控制区：100 一般控制区：200	—	—	—	—	—
天津市《工业企业挥发性有机物排放控制标准》	—	苯	1	0.25	0.3	0.9	1.3	—
		甲苯与二甲苯合计	40	1.0	2.1	6.8	11.9	—
		非甲烷总烃	50	1.5	3.4	11.9	18.7	—
		TRVOC	60	1.8	4.1	14.3	22.4	—

2.2.3 人造板工业排污许可管理

《固定污染源排污许可分类管理名录（2017 年版）》提出到 2020 年共有 78 个行业和 4 个通用工序的污染物排放要纳入排污许可管理。2019 年 12 月，生态环境部印发了《固定污染源排污许可分类管理名录（2019 年版）》，2017 年版同时废止。

《排污许可证申请与核发技术规范　人造板工业》于 2019 年 7 月 24 日发布，人造板企业排污许可证已在 2020 年全部核发完成。人造板制造行业（国民经济代码 202）的排污许可管理，分为重点管理、简化管理和登记管理三类。

1）重点管理：针对纳入重点排污单位名录的企业的管理。名录由设区的市级地方人民政府环境保护主管部门依据该行政区域的环境承载力、环境质量改善要求，以及环境保护部 2017 年印发的《重点排污单位名录管理规定（试行）》的筛选条件，每年联合有关部门，筛选污染物排放量较大、排放有毒有害污染物等环境风险较大的企业事业单位，确定下一年度该行政区域的重点排污单位名录。

2）简化管理：除重点管理外的纤维板、刨花板制造单位，年产 10 万 m^3 及以上的胶合板及其他人造板制造单位。

3）登记管理：除重点管理、简化管理外的胶合板和其他人造板制造单位，主要针对在工业建筑中生产的排污单位。

3 人造板工业排污许可技术规范主要内容

3.1 总体框架

《排污许可证申请与核发技术规范　人造板工业》（以下简称《技术规范》）内容具体包括：适用范围、规范性引用文件、术语和定义、排污单位基本情况填报要求、产排污环节对应排放口及许可排放限值确定方法、污染防治可行性技术要求、自行监测管理要求、环境管理台账记录与执行报告编制要求、实际排放量核算方法、合规判定方法共 10 章。内容紧扣排污许可管理的四大核心内容，即基本信息、登记事项、许可事项、承诺书等信息。其中，基本信息和登记事项主要在“4.排污单位基本情况填报要求”，许可事项主要在“5.产排污环节对应排放口及许可排放限值确定方法”、“7.自行监测管理要求”和“8.环境管理台账记录与执行报告编制要求”。此外，“6.污染防治可行技术要求”用以帮助生态环境部门判断、排污单位自证“有符合国家或地方要求的污染防治设施或污染物处理能力”；“9.实际排放量核算方法”用以指导排污单位核算实际排放量；“10.合规判定方法”用以指导生态环境部门判定排污单位满足排污许可证要求。

3.2 适用范围

《技术规范》适用于指导人造板工业排污单位填报《排污许可证申请表》及在全国排污许可证管理信息平台填报相关申请信息，同时适用于指导核发机关审核确定人造板工业的排污许可证许可要求。

《技术规范》适用于人造板工业排污单位排放大气污染物、水污染物的排污许可管理。人造板排污单位包括胶合板生产、纤维板生产、刨花板生产和其他人造板生产等类型企业。

人造板工业排污单位中，执行《锅炉大气污染物排放标准》（GB 13271）的生产设施和排放口，适用于《排污许可证申请与核发技术规范　锅炉》（HJ 953）。

《技术规范》未做出规定但排放工业废水、废气或者国家规定的有毒有害污染物的人造板工业排污单位的其他产污设施和排放口，参照《排污许可证申请与核发技术规范 总则》（HJ 942）执行。

核发机关核发排污许可证时，对位于法律法规明确规定禁止建设区域内的、属于国家或地方已明确规定予以淘汰或取缔的人造板工业排污单位或生产装置，应不予核发人造板工业排污许可证。

3.3 排污单位基本情况填报要求

3.3.1 主体思路及基本原则

根据《排污许可管理条例》的要求，结合人造板工业特点，《技术规范》给出人造板工业《排污许可证申请表》中排污单位基本情况，主要产品及产能，主要原辅材料及燃料，产排污环节、污染物及污染治理设施等的填报要求，以指导人造板工业排污单位填报《排污许可证申请表》。

同一法人单位或者其他组织所有、位于不同生产经营场所的排污单位，应当以所属的法人单位或者其他组织的名义，分别向生产经营场所所在地有核发权的生态环境主管部门（以下简称核发部门）申请排污许可证。生产经营场所和排放口分别位于不同行政区域时，由生产经营场所所在地核发部门负责核发排污许可证，并应当在核发前，征求排放口所在地生态环境主管部门的意见。

填报系统下拉菜单中未包括的、地方生态环境主管部门有规定需要填报或排污单位认为需要填报的，可自行增加内容。设区的市级以上地方生态环境主管部门可以根据环境保护地方性法规，增加需要在排污许可证中载明的内容，并填入全国排污许可证管理信息平台中“有核发权的地方生态环境主管部门增加的管理内容”一栏。排污单位在填报申请信息时，应评估污染物排放及环境管理现状，对现状环境问题提出整改措施，并填入全国排污许可证管理信息平台申报系统中“改正措施”一栏。

3.3.2 基本信息

排污单位基本信息应填报单位名称、是否需整改、排污许可证管理类别、邮政编码、行业类别（填报时选择胶合板、纤维板、刨花板、其他人造板）、是否投产、投产日期、生产经营场所中心经纬度、所在地是否属于环境敏感区（如大气重点控制区域，总磷、总氮控制区等）、所属工业园区名称、环境影响评价审批意见文号（备案编号）、地方政府对违规项目的认定或备案文件及文号、主要污染物总量分配计划文件及文号、颗粒物总量指标（t/a）、氮氧化物总量指标（t/a）、VOCs 总量指标（t/a）、化学需氧量总量指标（t/a）、氨氮总量指标（t/a）、其他污染物总量指标（如有）等。

填报行业类别时，依据《国民经济行业分类》（GB/T 4754）填报：胶合板制造（国民经济代码 C2021）、纤维板制造（国民经济代码 C2022）、刨花板制造（国民经济代码 C2023）及其他人造板制造（国民经济代码 C2029）。

3.3.3 主要产品及产能

3.3.3.1 主要生产单元、主要工艺及主要生产设施

排污许可体系设计中，要求许可证中载明与污染物排放相关的主要生产单元、主要工艺和主要生产设施，依据生产设施或排放口进行许可管理。《技术规范》中，关于主要生产单元，基于纤维板生产的单元包括木片生产工段、纤维制备工段、调胶与施胶工段、铺装与热压工段、毛板加工工段、砂光与裁板工段、公用工程，排污单位结合自身情况，选取其中一项及以上组合项，如为重点管理企业需要全部填写，简化管理企业只需选择纤维制备工段、铺装与热压工段、毛板加工工段、砂光与裁板工段填写。

人造板工业排污单位主要生产单元、主要工艺、主要生产设施及参数填报内容见表 3-1 至表 3-4，表中的内容在全国排污许可证管理信息平台中以下拉菜单的形式供排污单位选择填报。因为人造板工业排污单位涉及生产设施较多，为减少排污单位不必要的填报工作量，要求只填报涉及污染物排放的生产设施；对于多台同样的设施需逐一分别填报。排污单位根据自身情况填报内部生产设施编号，若排污单位无内部生产设施编号，则根据《排污单位编码规则》（HJ 608）进行编号并填报。

表 3-1 胶合板生产排污单位主要生产单元、主要工艺及主要生产设施

主要生产单元	主要工艺	主要生产设施	设施参数	计量单位
备料工段	原木检测、截断、软化处理、剥皮	原木蒸煮池（喷淋间）	容积	m^3
		剥皮机	生产能力、功率	m^3/h、kW
		锯机	功率	kW
		其他	/	/
旋（刨）切工段	定心、上木、旋（刨）切、湿单板处理、木芯及废单板处理	旋（刨）切机	生产能力	m^3/h（m^2/h）
		剪板机	功率	kW
		其他	/	/
干燥工段	单板干燥、剪切、废单板处理	单板干燥机	生产能力、功率	m^3/h、kW
		其他	/	/
单板整理工段	单板修补、拼缝、补节、分等、配板、贮存	单板拼缝机	功率	kW
		其他	/	/

主要生产单元	主要工艺	主要生产设施	设施参数	计量单位
组坯预压工段	调胶、涂（淋）胶、组坯、预压	调胶设备	功率	kW
		涂（淋）胶机	功率	kW
		预压机	工作长度、工作宽度、功率	mm、mm、kW
		其他	/	/
热压工段	组坯、预压、热压	热压机	工作长度、工作宽度、风量、功率	mm、mm、m^3/h、kW
		其他	/	/
后处理工段	锯边、砂光、检验、修补、分等、包装	锯机	风量、功率	m^3/h、kW
		砂光机	风量、功率	m^3/h、kW
		其他	/	/
公用工程	供热系统	供热锅炉	额定出力	t/h 或 MW
	供水工程	泵房	供水量	m^3/h

表 3-2 纤维板生产排污单位主要生产单元、主要工艺及主要生产设施

主要生产单元	主要工艺	主要生产设施	设施参数	计量单位
木片生产工段	剥皮、削片、木片筛选	剥皮机	生产能力、功率	m^3/h、kW
		削片机	生产能力、功率	m^3/h、kW
		木片筛选机	生产能力、功率	m^3/h、kW
		其他	/	/
纤维制备工段[a]	木片再碎、木片水洗、热磨、纤维干燥、纤维分选	热磨机	生产能力、功率	kg/h、kW
		纤维干燥机	生产能力、风量	kg/h、m^3/h
		纤维分选机	生产能力、风量	kg/h、m^3/h
		其他	/	/
调胶与施胶工段	胶液计量、辅料制备与计量、辅料添加与输送、施胶	调（施）胶设备	生产能力、功率	t/h、kW
		其他	/	/
铺装与热压工段[a]	纤维储存、成型、预压、板坯锯切、热压	铺装成型机	风量、功率	m^3/h、kW
		预压机	工作长度、工作宽度、功率	mm、mm、kW
		热压机	工作长度、工作宽度、风量、功率	mm、mm、m^3/h、kW
		其他	/	/
毛板加工工段[a]	毛板检测、冷却、锯切、垛板、毛板储存	齐边横截锯	风量、功率	m^3/h、kW
		冷却翻板机	功率	kW
		其他	/	/
砂光与裁板工段[a]	砂光、裁板、检验、分等、垛板、包装	砂光机	风量、功率	m^3/h、kW
		规格锯	风量、功率	m^3/h、kW
		其他	/	/
公用工程	供热系统	热能中心	额定出力	t/h 或 MW
	供水工程	泵房	供水量	m^3/h
		污水处理站	处理量	m^3/h

注：重点管理企业全部填报。

[a]简化管理企业必填项。

表 3-3　刨花板生产排污单位主要生产单元、主要工艺及主要生产设施

主要生产单元	主要工艺	主要生产设施	设施参数	计量单位
木片生产与分选净化工段	削片、木片分选、净化	削片机	生产能力、功率	m^3/h、kW
		木片筛选机	生产能力、功率	m^3/h、kW
		其他	/	/
刨花生产工段[a]	木片贮存与计量、刨片	刨片机	生产能力、风量、功率	m^3/h、m^3/h、kW
		其他	/	/
刨花干燥与分选工段[a]	刨花干燥、刨花分选、过大刨花打磨	刨花干燥机	生产能力、风量	kg/h、m^3/h
		刨花筛选机	生产能力、功率	m^3/h、kW
		气流分选机（芯层刨花）	生产能力、风量	kg/h、m^3/h
		气流分选机（表层刨花）	生产能力、风量	kg/h、m^3/h
		筛环式打磨机	生产能力、风量	kg/h、m^3/h
		其他	/	/
刨花施胶工段[a]	原胶贮存、刨花拌胶	表层拌胶机	生产能力、功率	t/h、kW
		芯层拌胶机	生产能力、功率	t/h、kW
		刨花计量仓	生产能力、功率	t/h、kW
		其他	/	/
铺装与热压工段[a]	板坯铺装、输送、检测、预压、横截、废板回收、热压	芯层铺装机	生产能力、风量、功率	m^3/h、m^3/h、kW
		表层铺装机	生产能力、风量、功率	m^3/h、m^3/h、kW
		预压机	工作长度、工作宽度、功率	mm、mm、kW
		热压机	工作长度、工作宽度、功率	mm、mm、kW
		其他	/	/
毛板加工工段	毛板检测、齐边、分割、冷却、垛板、中间贮存	齐边横截锯	风量、功率	m^3/h、kW
		冷却翻板机	功率	kW
		其他	/	/
砂光与裁板工段[a]	砂光、裁板、检验、分等、垛板、包装	砂光机	风量、功率	m^3/h、kW
		规格锯	风量、功率	m^3/h、kW
		其他	/	/
公用工程	供热系统	热能中心	额定出力	t/h 或 MW
	供水工程	泵房	供水量	m^3/h

注：重点管理企业全部填报。

[a] 简化管理企业必填项。

表 3-4 其他人造板生产排污单位主要生产单元、主要工艺及主要生产设施

主要生产单元	主要工艺	主要生产设施	设施参数	计量单位
木材干燥	锯材贮存、干燥	干燥窑	容积、功率	m^3、MW
		其他	/	/
配料	将锯材加工成毛料	锯切机	风量、功率	m^3/h、kW
		其他	/	/
板材生产	修面、预压、组坯、冷压、热压	预压机	工作长度、工作宽度、功率	mm、mm、kW
		冷压机	工作长度、工作宽度、功率	mm、mm、kW
		热压机	工作长度、工作宽度、功率	mm、mm、kW
		锯机	风量、功率	m^3/h、kW
		其他	/	/
机械加工	平面加工、端面加工、型面及曲面加工、拼接胶合、贴面胶压	四面刨	风量、功率	m^3/h、kW
		涂胶机	功率	kW
		指接机	加工宽度、加工厚度、功率	mm、mm、kW
		拼板机	拼板规格、功率	mm、kW
		锯机	风量、功率	m^3/h、kW
		砂光机	风量、功率	m^3/h、kW
		其他	/	/
公用工程	供热系统	供热锅炉	额定出力	t/h 或 MW
	供水工程	泵房	供水量	m^3/h

3.3.3.2 生产能力、生产量及计量单位

生产能力为主要产品设计生产能力，不包括国家或地方政府予以淘汰或取缔的生产能力。没有设计生产能力数据时，以近三年实际产量均值计。投运满一年但未满三年的按自然年实际产量的最大值进行填报，投运不满一年的根据实际产量折算成生产能力。生产量按主要产品实际产量填写。

生产能力计量单位为 m^3/d 或 m^3/a。生产量计量单位为 m^3/a。

3.3.4 主要原辅材料及燃料

主要原辅材料及燃料应填报原辅材料及燃料种类、设计年使用量及计量单位；原辅材料中有毒有害成分及占比；燃料成分，包括灰分、硫分、挥发分、水分、热值；其他。

原辅材料和燃料均应填报设计年使用量。

3.3.5 产排污节点、污染物及污染防治设施

3.3.5.1 废气

（1）产排污环节

包括 6 类有组织排放环节及 2 类无组织排放环节，主要为纤维干燥工段，刨花干燥工段，热压工段，铺装工段，砂光、锯切、分选工段，单板/锯材干燥工段，调（施）胶工段，物料运输。

（2）管控污染物

《技术规范》根据产排污环节分别明确管控的污染物种类，见表 3-5。

表 3-5 人造板工业排污单位废气产污环节、污染物项目及污染防治设施等信息一览表

废气产污环节	主要设施	污染物项目	排放方式	污染防治设施		排放口类型
				污染防治工艺	是否为可行技术	
纤维干燥工段	纤维干燥系统	甲醛、VOCs、颗粒物、氮氧化物	有组织	旋风分离、湿处理、湿法静电除尘、RTO、SCR、SNCR、其他	是□ 否□ 如采用不属于《技术规范》"附录 A 废气污染防治可行技术"中的技术，应提供相关证明材料	主要排放口[a]
刨花干燥工段	刨花干燥系统	VOCs、颗粒物、氮氧化物	有组织	旋风分离、湿处理、湿法静电除尘、布袋除尘、RTO、SCR、SNCR、其他		主要排放口[a]
热压工段	压机尾气处理系统	甲醛、VOCs、颗粒物	有组织[b]	焚烧、旋风分离、湿处理、湿法静电除尘、生物法、活性炭吸附、其他		一般排放口
铺装工段	铺装气力输送系统	颗粒物	有组织/无组织[c]	旋风分离、布袋除尘、其他		一般排放口[d]
砂光、锯切、分选工段	除尘系统、粉尘输送系统	颗粒物	有组织/无组织[c]	旋风分离、布袋除尘、其他		一般排放口[d]
单板/锯材干燥工段	单板干燥机/干燥窑	VOCs	有组织/无组织	焚烧、活性炭吸附、其他		一般排放口[d]
调（施）胶工段	调（施）胶系统	甲醛、VOCs	无组织	/	/	/
物料运输	运输机	颗粒物	无组织	/	/	/

注：待人造板工业污染物排放标准发布后，从其规定；地方有更严格排放标准要求的，从其规定。

[a] 纳入简化管理的排污单位，排放口类型为一般排放口。

[b] 热压废气不采用焚烧方式的，纳入有组织排放一般排放口管理。

[c] 铺装、砂光、锯切、分选等工段风送除尘系统若为负压输送，纳入有组织排放一般排放口管理；若为正压输送，纳入无组织排放管理。

[d] 仅适用于有组织排放口。

有组织排放中纤维干燥工段管控污染物因子为甲醛、VOCs、颗粒物、氮氧化物；刨花干燥工段管控污染物因子为 VOCs、颗粒物、氮氧化物；热压工段管控污染物因子为甲

醛、VOCs、颗粒物；铺装工段，砂光、锯切、分选工段管控污染物因子为颗粒物；单板/锯材干燥工段管控污染物因子为 VOCs。

无组织排放中调（施）胶工段管控污染物因子为甲醛、VOCs；物料运输管控污染物因子为颗粒物。

（3）污染防治设施、有组织排放口编号

污染防治设施编号可填写排污单位内部编号，若无内部编号，则根据 HJ 608 进行编号并填报。

有组织排放口编号应填写地方生态环境主管部门对排放口的现有编号，若地方生态环境主管部门未对排放口进行编号，则根据 HJ 608 进行编号并填报。

（4）排放口类型

废气排放口分为主要排放口和一般排放口，见表 3-5。

重点管理排污单位的纤维板、刨花板生产干燥废气排放口纳入主要排放口管理。纳入简化管理的排污单位的排放口均为一般排放口。

热压废气不采用焚烧方式的，纳入有组织排放一般排放口管理；铺装、砂光、锯切、分选等其他工段风送除尘系统若为负压输送，废气排放口纳入一般排放口管理，若为正压输送，纳入无组织排放管理。胶合板及其他人造板生产干燥、压机、锯切和砂光工段的废气排放口纳入一般排放口管理。

3.3.5.2 废水

（1）产排污环节

主要包括纤维水洗废水、循环冷却排污水、辅助生产废水（设备冲洗废水、机修废水、化验废水等）或其他生产废水，以及生活污水。

（2）管控污染物

人造板工业废水管控污染物因子为 pH、色度、悬浮物、化学需氧量、五日生化需氧量、氨氮、总氮、总磷、甲醛。

（3）污染防治设施编号、排放口编号

污染防治设施编号可填写人造板工业排污单位内部编号，若排污单位无内部编号，则根据 HJ 608 进行编号并填报。

废水排放口编号填写地方生态环境主管部门对排放口的现有编号，或根据 HJ 608 进行编号并填报。

（4）排放去向

废水排放去向包括：排入厂区内综合废水处理站；直接进入海域；直接进入江河、湖、库等水环境；进入城市下水道（再入江河、湖、库）；进入城市下水道（再入沿海海域）；进入城市污水处理厂；不外排；进入其他单位；进入工业废水集中处理厂及其他。

（5）排放规律

排放规律分为连续排放，流量稳定；连续排放，流量不稳定，但有周期性规律；连续排放，流量不稳定，但有规律，且不属于周期性规律；连续排放，流量不稳定，属于冲击型排放；连续排放，流量不稳定且无规律，但不属于冲击型排放。

（6）排放口设置要求

根据《排污口规范化整治技术要求（试行）》有关排放口规范化设置的规定，填报废水排放口设置是否符合排污口规范化要求。地方政府有排放口管理要求的，从其规定。

（7）排放口类型

人造板工业排污单位废水排放口包括废水总排放口和单独排向城镇污水集中处理设施的生活污水排放口。废水排放口为一般排放口（表 3-6）。

表 3-6　人造板工业排污单位废水类别、污染物项目及污染防治设施等信息一览表

<table>
<tr><th rowspan="2">废水类别</th><th rowspan="2">污染物项目</th><th rowspan="2">排放去向</th><th rowspan="2">排放方式</th><th colspan="2">污染防治设施</th><th rowspan="2">排放口类型</th></tr>
<tr><th>污染防治工艺[e]</th><th>是否为可行技术</th></tr>
<tr><td rowspan="3">综合废水（生产废水、生活污水[a]）</td><td rowspan="3">pH、色度、悬浮物、化学需氧量、五日生化需氧量、氨氮、总氮、总磷、甲醛</td><td>工业废水集中处理厂/城镇集中污水处理设施</td><td>间接排放[b]</td><td>一级处理（固液分离、混凝、沉淀、气浮）+二级处理［水解酸化、厌氧生物法（UASB、IEHC、IC 等）、好氧生物法（SBR 等）］、其他</td><td rowspan="2">是□
否□
如采用不属于《技术规范》“附录 A 废水污染防治可行技术”中的技术，应提供相关证明材料</td><td rowspan="2">一般排放口</td></tr>
<tr><td>环境水体</td><td>直接排放[c]</td><td>一级处理（固液分离、混凝、沉淀、气浮）+二级处理［水解酸化、厌氧生物法（UASB、IEHC、IC 等）、好氧生物法（SBR 等）］+深度处理（混凝、沉淀、高级氧化、曝气生物滤池、砂滤、炭滤、膜分离、蒸发结晶）、其他</td></tr>
<tr><td>不外排[d]</td><td>/</td><td>/</td><td>/</td><td>/</td></tr>
</table>

注：待人造板工业污染物排放标准发布后，从其规定；地方有更严格排放标准要求的，从其规定。

[a] 单独排入城镇集中污水处理设施的生活污水仅说明去向。

[b] 间接排放指进入城镇污水处理设施、进入工业废水集中处理厂，以及其他间接进入环境水体的排放方式。

[c] 直接排放指直接进入江河、湖、库等水环境，直接进入海域、进入城市下水道（再入江河、湖、库）、进入城市下水道（再入沿海海域），以及其他进入环境水体的排放方式。

[d] 不外排指废水经处理后回用，以及其他不通过排污单位污水排放口排出的排放方式。

[e] UASB：上流式厌氧污泥床反应器；IEHC：内外复合循环厌氧反应器；IC：内循环厌氧反应器；SBR：序批式活性污泥法。

3.4 许可排放限值确定方法

3.4.1 主体思路及一般原则

许可排放限值包括污染物许可排放浓度和许可排放量。许可排放量包括年许可排放量和特殊时段的日许可排放量，有核发权的地方生态环境主管部门可根据环境管理规定调整许可排放量的核算周期。

年许可排放量是指允许人造板工业排污单位连续 12 个月排放的污染物最大排放量。年许可排放量同时适用于考核自然年的实际排放量。有核发权的地方生态环境主管部门可根据需要将年许可排放量按月、季进行细化。

对于大气污染物，以排放口为单位确定主要排放口和一般排放口许可排放浓度，以厂界确定无组织许可排放浓度。主要排放口逐一计算许可排放量，排污单位许可排放量为各主要排放口年许可排放量之和。一般排放口和无组织排放废气不许可排放量。

对于水污染物，以废水总排放口为单位许可排放浓度，不许可排放量。

许可排放浓度根据国家或地方污染物排放标准按照从严原则确定。排污单位申请的许可排放限值严于《技术规范》规定的，在排污许可证中载明。

3.4.2 许可排放浓度

3.4.2.1 废气

依据《大气污染物综合排放标准》（GB 16297）、《锅炉大气污染物排放标准》（GB 13271）确定人造板工业排污单位废气许可排放浓度限值。对于锅炉直接排放环境的废气执行《锅炉大气污染物排放标准》（GB 13271）；对于热能中心产生的热烟气引入干燥工序的，干燥尾气执行《大气污染物综合排放标准》（GB 16297）；其他工序废气执行《大气污染物综合排放标准》（GB 16297）。有组织排放废气许可排放浓度污染物为甲醛、VOCs、颗粒物、氮氧化物；有组织排放废气许可排放量污染物为甲醛、VOCs、颗粒物、氮氧化物。无组织排放废气许可排放浓度污染物为甲醛、VOCs、颗粒物。待人造板工业污染物排放标准发布后从其规定。地方污染物排放标准有更严格要求的，按照地方排放标准确定。

大气污染防治重点控制区按照《关于执行大气污染物特别排放限值的公告》和《关于执行大气污染物特别排放限值有关问题的复函》要求执行。其他执行大气污染物特别排放限值的地域范围、时间，由国务院生态环境主管部门或省级人民政府规定。

若执行不同许可排放浓度的多台生产设施或排放口采用混合方式排放废气，且选择的监控位置只能监测混合废气中的大气污染物浓度，则应执行各许可排放限值要求中最严格的限值。

3.4.2.2 废水

废水直接排放外环境的人造板工业排污单位水污染物许可排放浓度限值按照《污水综合排放标准》(GB 8978)确定，待人造板工业污染物排放标准发布后，从其规定。地方有更严格排放标准要求的，从其规定。废水排入集中式污水处理设施的人造板工业排污单位，其污染物许可排放浓度限值按照《污水综合排放标准》(GB 8978)中的三级排放限值确定。待人造板工业污染物排放标准发布后，从其规定。地方有更严格排放标准要求的，从其规定。废水许可排放浓度污染物为悬浮物、化学需氧量、五日生化需氧量、氨氮、总氮、总磷、甲醛、pH、色度。许可排放浓度（除 pH、色度外）为日均浓度。

3.4.3 许可排放量

3.4.3.1 废气

许可排放量包括年许可排放量和特殊时段的日许可排放量。

（1）年许可排放量

人造板工业排污单位中废气主要排放口许可排放量依据许可排放浓度限值、基准排气量、主要产品产能、年运行时间等计算。基准排气量是指生产 1 m^3 产品的标准状态下的干排气量。人造板工业排污单位基准排气量见表 3-7。

表 3-7 人造板工业排污单位基准排气量

主要设施	排放口类型	基准排气量（标态）/（m^3/m^3 产品）
纤维干燥系统	主要排放口	12 750
刨花干燥系统	主要排放口	7 000

注：计算大气污染物许可排放量时，排放口实测风量折算成标准状态下的干排气量［依据《固定污染源排气中颗粒物测定与气态污染物采样方法》(GB/T 16157)规定计算］后，若折算值大于基准排气量，按基准排气量计算污染物许可排放量；若折算值小于基准排气量，按实测风量折算值计算污染物许可排放量；若无实测风量数据，以输送风机标定风量值计。

1）排污单位年许可排放量

$$E_{j\text{年许可}}=\sum_{k=1}^{n}E_{j\text{主要排放口}} \tag{3-1}$$

式中，$E_{j\text{年许可}}$——排污单位第 j 项大气污染物年许可排放量，t/a；

$E_{j\text{主要排放口}}$——第 k 条生产线主要排放口第 j 项大气污染物年许可排放量，t/a。

2）主要排放口年许可排放量

$$E_{j\text{主要排放口}}=\sum_{k=1}^{n}C_{i,j}\times Q_i\times G\times T\times 10^{-9} \quad (3\text{-}2)$$

式中，$C_{i,j}$——第 i 个主要排放口第 j 项大气污染物许可排放浓度限值（标态），mg/m^3；

Q_i——第 i 个主要排放口单位产品基准排气量（标态），m^3/m^3 产品；

G——主要产品设计生产能力，未达产时按实际生产量取值，m^3/d；

T——年运行时间，d/a。

纤维板生产平均密度在 800～850 kg/m^3 以外、刨花板生产平均密度在 650～700 kg/m^3 以外的，其基准排气量需进行换算，换算公式如下：

$$Q_{\mathrm{MDF'}}=\frac{12\,750\times M_{\text{平均}}}{850} \quad (3\text{-}3)$$

式中，$Q_{\mathrm{MDF'}}$——基准排气量换算值（标态），m^3/m^3 产品；

$M_{\text{平均}}$——纤维板平均密度，kg/m^3。

$$Q_{\mathrm{PB'}}=\frac{7\,000\times M_{\text{平均}}}{650} \quad (3\text{-}4)$$

式中，$Q_{\mathrm{PB'}}$——基准排气量换算值（标态），m^3/m^3 产品；

$M_{\text{平均}}$——刨花板平均密度，kg/m^3。

（2）特殊时段的日许可排放量

排污单位应按照国家或所在地区人民政府制定的重污染天气应急预案等文件，根据停产、限产等要求，确定特殊时段的日许可排放量。地方指定的相关法规中对特殊时段的日许可排放量有明确规定的，从其规定。排污单位特殊时段的日许可排放量按下式计算：

$$E_{\text{日许可}}=E_{\text{日均排放量}}\times(1-\alpha) \quad (3\text{-}5)$$

式中，$E_{\text{日许可}}$——排污单位重污染天气应对期间或冬防阶段的日许可排放量，t/d；

$E_{\text{日均排放量}}$——排污单位日均排放量基数，t/d；对于现有排污单位，优先采用前一年环境统计实际排放量和相应设施运行天数计算，若无前一年环境统计数据，则采用实际排放量和相应设施运行天数计算；对于新建排污单位，采用许可排放量和相应设施运行天数计算；

α——重污染天气应对期间或冬防阶段排放量削减比例，%。

3.4.3.2 许可排放量确定案例

以某纤维板企业为例，设计产能为 20 万 m^3/a，2014 年 9 月投产，总量分配计划文件许可颗粒物的排放量为 350 t/a。企业实际产量为 22 万 m^3/a，主产品密度为 750 kg/m^3，有干燥尾气排放口 1 个（主要排放口），出口尾气温度 70℃，排气中水分含量 6.25%，排气静压 5 000 Pa，颗粒物排放浓度实测值（工况）为 20 mg/m^3，排放口实测风量（工况）

为 40 万 m^3/h。企业日平均运行 22.5 h，年运行 300 d，按照当地执行的《大气污染物综合排放标准》（GB 16297—1996），排放浓度达标。

该企业主要排放口的年许可排放量计算如下：

1）排放浓度 $C_{i,j}$ 取值

执行《大气污染物综合排放标准》（GB 16297—1996），颗粒物许可排放浓度限值 $C_{i,j}$ 取值（标态）为 120 mg/m^3。

2）基准排气量 Q_i 取值

①实测年排气量为 40 万 $m^3/h \times 22.5\ h/d \times 300\ d = 270\ 000$ 万 m^3，换算为标准状态下的年排气量，为 211 410 万 m^3，即单位产品的标准状态下排气量为 211 410 万 $m^3 \div$ 20 万 $m^3 = 10\ 570\ m^3/m^3$；

②由于产品密度为 750 kg/m^3，需根据《技术规范》要求进行换算，换算后的基准排气量值 $Q_{MDF'}$ 为 $12\ 750\ m^3/m^3 \times 750\ kg/m^3 \div 850\ kg/m^3 = 11\ 250\ m^3/m^3$；

③由于 $10\ 570\ m^3/m^3 < 11\ 250\ m^3/m^3$，即标准状态下排气量 Q_i 小于基准排气量换算值 $Q_{MDF'}$，根据《技术规范》判定，Q_i 取值为 10 570 m^3/m^3。

3）计算颗粒物许可排放量

$E_{j\,主要排放口} = 120\ mg/m^3 \times 10\ 570\ m^3/m^3 \times 20$ 万 $m^3/a \times 10^{-9} = 254\ t/a$。

4）确定许可排放量

依据《排污许可管理办法（试行）》规定，2015 年 1 月 1 日起投产的企业的许可排放量，按总量控制指标、规范计算结果及环评文件要求从严确定；对于 2015 年之前投产的企业的许可排放量，按总量控制指标、规范计算结果从严确定。

该企业纤维板生产线属 2015 年之前投产，根据总量分配计划文件，许可颗粒物排放量为 350 t/a，许可排放量限值依据规范计算值及总量分配计划文件从严确定，最终确定其颗粒物许可排放量为 254 t/a。

3.4.3.3 废水

人造板工业废水只许可排放浓度，不许可排放量。

3.5 排污许可环境管理要求

环境管理要求包括对排污单位提出的自行监测、台账记录、执行报告、污染防治设施运行及维护等的要求。

3.5.1 排污单位自行监测要求

排污单位在申请排污许可证时，应按照《技术规范》规定的自行监测要求进行监测，

《技术规范》未规定的其他监测因子指标按照《排污单位自行监测技术指南 总则》（HJ 819）等标准执行，人造板工业排污单位适用的自行监测技术指南发布后，从其规定。

自行监测方案内容，主要是明确排污单位监测点位、监测指标、监测频次、监测方法和仪器、采样方法等；采用自动监测的，应如实填报采用自动监测的污染物指标、自动监测系统联网情况、自动监测系统的运行维护情况等；对于无自动监测的大气污染物指标和水污染物指标，排污单位应当填报开展手工监测的污染物排放口和监测点位、监测方法及监测频次。

监测点位包括外排口（废气外排口、废水外排口）、无组织排放监测点、周围环境质量监测点等。排污单位可自行委托第三方监测机构开展监测工作，并安排专人专职对监测数据进行记录、整理、统计和分析，对监测结果的真实性、准确性和完整性负责。自行监测技术、质量、仪器设备要求等应满足《技术规范》要求。对于 2015 年 1 月 1 日（含）后取得环境影响评价批复的排污单位，批复的环境影响评价文件有其他管理要求的，应当同步完善人造板工业排污单位自行监测管理要求。

自行监测包括自动监测和手工监测两种类型，人造板工业重点管理企业主要排放口的氮氧化物、颗粒物、VOCs 应采用自动监测。手工监测时的生产负荷应不低于本次监测与上一次监测周期内的平均生产负荷。

《排污单位自行监测技术指南 总则》（HJ 819）规定了排污单位自行监测的指标和最低频次，排污单位不应在这个基础上减少指标或降低频次。自行监测具体要求见表 3-8 至表 3-10。

表 3-8 有组织废气自行监测点位、主要监测指标及最低监测频次

人造板种类	废气产生环节	监测点位	主要监测指标	最低监测频次	
				重点管理	简化管理
纤维板	纤维干燥工段	排气筒	氮氧化物、颗粒物	自动监测	1 次/a
			VOCs[a]	自动监测	1 次/a
			甲醛	1 次/季度	1 次/a
	热压工段	排气筒	VOCs、颗粒物、甲醛	1 次/a	1 次/a
	铺装工段	排气筒	VOCs、颗粒物、甲醛	1 次/a	1 次/a
	砂光、锯切、分选工段	排气筒	颗粒物	1 次/a	1 次/a
刨花板	刨花干燥工段	排气筒	氮氧化物、颗粒物	自动监测	1 次/a
			VOCs[a]	自动监测	1 次/a
	热压工段	排气筒	VOCs、颗粒物、甲醛	1 次/a	1 次/a
	铺装工段	排气筒	VOCs、颗粒物、甲醛	1 次/a	1 次/a
	砂光、锯切、分选工段	排气筒	颗粒物	1 次/a	1 次/a
胶合板及其他人造板	单板/锯材干燥工段	排气筒	VOCs	1 次/a	1 次/a
	砂光、锯切、分选工段	排气筒	颗粒物	1 次/a	1 次/a

注：《技术规范》未规定的其他监测指标按照《排污单位自行监测技术指南 总则》（HJ 819）等标准执行，人造板工业排污单位适用的自行监测技术指南发布后，从其规定。

[a] 待人造板工业大气污染物排放标准发布后，从其规定。地方排放标准中有要求的，从严规定。

表 3-9 无组织废气自行监测点位、主要监测指标及最低监测频次

废气产生环节	监测点位	主要监测指标	最低监测频次
调（施）胶工段	厂界	甲醛、VOCs	1 次/a
物料输送	厂界	颗粒物	1 次/a

注：1. 待人造板工业污染物排放标准发布后，监测点位及监测指标从其规定。
2.《技术规范》未规定的其他监测指标按照 HJ 819 等标准执行，人造板工业排污单位适用的自行监测技术指南发布后，从其规定。

表 3-10 废水自行监测点位、主要监测指标及最低监测频次

监测点位		主要监测指标	最低监测频次[a]	
			直接排放	间接排放
重点管理排污单位废水排放口	废水总排放口	化学需氧量、氨氮	1 次/d	1 次/月
简化管理排污单位废水排放口	废水总排放口	化学需氧量、氨氮	1 次/季度	1 次/季度

注：《技术规范》未规定的其他监测指标按照 HJ 819 等标准执行，人造板工业排污单位适用的自行监测技术指南发布后，从其规定。
[a] 设区的市级以上生态环境主管部门明确要求安装自动监测设备的污染物指标，须采取自动监测。

3.5.2 环境管理台账记录要求

结合人造板工业排污单位目前环境管理台账实际情况和排污许可证管理要求，规定了生产设施和污染治理设施基本信息、运行管理信息应记录的内容和记录频次。人造板工业排污单位在申请排污许可证时，应按《技术规范》规定，在全国排污许可管理信息平台中明确环境管理台账记录要求。有核发权的地方生态环境主管部门可以依据法律法规、标准规范增加和加严记录要求。排污单位也可自行加严记录要求。

人造板工业排污单位应建立环境管理台账制度，落实环境管理台账记录的责任部门和责任人，明确工作职责，包括台账记录、整理、维护和管理等，台账记录频次和内容须满足排污许可证环境管理要求，并对台账记录结果的真实性、完整性和规范性负责。

台账应按照电子化储存和纸质储存两种形式同步管理。

此外，其他环境管理信息包括排污单位应记录无组织废气污染防治设施运行、维护、管理相关的信息。排污单位在特殊时段应记录管理要求、执行情况（包括特殊时段生产设施运行管理信息和污染防治设施运行管理信息）、固体废物收集处置信息等。

排污单位还应根据环境管理要求和排污单位自行监测内容需求，自行增补记录。

总体上看，环境管理台账应按工段或车间记录，做到与现有生产台账记录、每班/天巡检、每周点检相一致，具有可操作性。

3.5.3 执行报告要求

自行监测、环境管理台账都是企业运行期间关于环境的原始数据，企业要对数据进行处理，定期编制执行报告。

报告频次：排污单位必须上报年/季度执行报告，同时地方生态环境主管部门可按照环境管理要求，增加上报月度执行报告的要求。

报告时间：①年度执行报告。每自然年上报一次，次年 1 月底前提交至核发机关；持证时间不足 3 个月的，当年可不上报年度执行报告，许可执行情况纳入下一年年度执行报告。②月/季度执行报告。月/季度执行报告周期为自然月/季度，于下一周期首月 15 日前提交至核发机关，提交季报或年报时，可免当月月报。对于持证时间不足 10 天的，该报告周期内可不上报，排污许可证执行情况纳入下一月执行报告。对于持证时间不足 1 个月的，该报告周期内不上报季报，排污许可证执行情况纳入下一季度执行报告。

报告内容：年度执行报告的内容包括：①基本生产信息。②遵守法律法规情况。③污染防治设施运行情况。④自行监测情况。⑤台账管理情况。⑥实际排放情况及达标判定分析。⑦排污费（环境保护税）缴纳情况。⑧信息公开情况。⑨企业内部环境管理体系建设与运行情况。⑩排污许可证规定的其他内容执行情况。⑪额外需要说明的情况。⑫结论。⑬附图附件要求。月/季度报告至少要包括第⑥项中颗粒物、甲醛、VOCs、氮氧化物等主要污染物的实际排放量核算信息、合规判定分析说明以及第③项中污染防治设施运行异常情况共两项内容。对于简化管理、登记管理企业年度执行报告内容有一定简化，包括上述①至⑦、⑫至⑬共 9 项内容。

要注意对于实行错峰生产的人造板工业排污单位，执行报告中应专门报告错峰生产期间排污许可证要求的执行情况。错峰生产期间全部停产的，也应报告。

企业应及时汇总数据并网上申报，形成相应的执行报告，盖章后按时提交核发机关。

3.5.4 污染防治可行性技术要求

人造板工业废气、废水污染防治推荐可行性技术可参照《技术规范》附录 A。在排污许可证申报阶段，选用了达标可行技术的，核发机关可认为具备达标排放能力；未选用可行技术的，企业需要额外提供证明材料，该技术已有应用的应自证能达标排放或能达到与许可技术相当的处理能力，如提供监测数据；首次采用的还应当提供中试数据等说明材料。未采用可行技术的企业，应加强自行监测、台账记录，评估达标可行性，监管部门应当尽早开展执行监测。

3.5.5 运行管理要求

3.5.5.1 废气

（1）源头控制

排污单位应优化产品或工艺路线，积极推广清洁生产新技术，采用先进的生产工艺和设备，提升污染防治水平。尽量使用低游离甲醛释放的胶黏剂，采用先进的计量装置有效降低施胶量损耗，减少有毒、有害原辅材料的使用；推广使用热能中心、连续平压热压机、高效多层热压机等先进设备；加强生产管理，减少跑、冒、滴、漏。

（2）有组织排放

污染防治设施应先于或与其对应的生产工艺设备同步运转，保证在生产工艺设备运行波动情况下仍能正常运转，实现达标排放。产生大气污染物的生产工艺和装置需设立局部或整体气体收集系统和净化处理装置。排污单位应按以下要求监管污染防治设施运行、操作、维护过程：

①纤维板、刨花板干燥尾气应采用旋风分离、湿处理、湿法静电除尘等污染防治工艺设施，严格控制颗粒物、甲醛、VOCs、氮氧化物等污染物的排放量。

②热压工段应采用焚烧、旋风分离、湿处理、湿法静电除尘、生物法、活性炭吸附等净化技术，严格控制甲醛、VOCs、颗粒物等污染物的排放量。

③有组织废气宜分类收集、分类处理或预处理，严禁经污染控制设备处理后的废气与锅炉烟气及其他未经处理的废气混合后直接排放，严禁未经污染控制设备处理的废气与空气混合后稀释排放。

④定期对在线监控设备进行比对校核。对所有机电设备，如风机、泵、电机等进行定期检修、维护。

（3）无组织排放

①无组织排放节点主要包括物料输送、调（施）胶工段等，对无组织排放设施应尽量实现废气源密闭化，将其处理后排放。

②粉状、粒状等易散发粉尘的物料厂内转移、输送应采取密闭或覆盖等抑尘措施；装卸应在上料点、落料点、接驳点等产尘点采取密闭或喷淋（雾）等抑尘措施。

③建筑物内废气无组织排放源［调（施）胶等］应在密闭空间内进行；无法密闭的，应采取局部气体收集处理措施。

④VOCs 物料应储存于密闭的容器、包装袋、储库、料仓中；盛装 VOCs 物料的容器或包装袋应放于具有防渗设施的室内或专用场地，在非取用状态时应加盖、封口，保持密闭。

⑤VOCs 质量占比大于等于 10%的含 VOCs 原辅材料使用过程无法密闭的，应采取

局部气体收集措施，废气应排放至 VOCs 废气收集处理系统。

⑥液态 VOCs 物料应采用密闭管道输送方式或桶泵等给料方式密闭投加。无法密闭投加的，应在密闭空间内操作，或进行局部气体收集，废气应排至 VOCs 废气收集处理系统。

⑦载有 VOCs 物料的设备及其管道在开停工（车）、检维修和清洗时，应在退料阶段将残存物料退净，并用密闭容器盛装，退料过程废气应排至 VOCs 废气收集处理系统；清洗及吹扫过程排气应排至 VOCs 废气收集处理系统。

⑧环境影响评价文件或地方相关规定中有针对原辅材料、生产过程等其他污染防治强制要求的，还应根据环境影响评价文件或地方相关规定，明确其他需要落实的污染防治要求。

3.5.5.2 废水

（1）源头控制

排污单位的露天原料堆场应加快原料周转，防止原料长期堆存腐朽。

排污单位应加强对原料堆场的清洁管理，及时清理树皮、木屑等堆场废料。

排污单位的原料堆场场地雨水宜采用明沟排放，末端设置过滤装置，防止含有泥沙、树皮、木屑等机械颗粒及悬浮物的雨水进入雨水管网。

排污单位应进行雨污分流，加强生产节水管理及废水的处理与回用。根据用水水质要求尽量实现废水梯级利用，减少废水排放量。厂区内污水管网和处理设施应做好防渗，防止有毒有害污染物渗入地下水体。

废水处理中产生的栅渣、污泥等应做好收集处理处置，防止二次污染。

（2）污染防治设施监测管理

排污单位根据运行管理需要及规范管理要求开展污染防治设施运行效果的监测、分析。定期对在线监控设备进行比对校核。根据工艺要求，定期对构筑物、设备、电气及自控仪表进行检查维护，确保处理设施稳定运行。

（3）操作规程

所有防治设施应制定操作规程，明确各项运行参数，实际运行参数应与操作规程中的规定一致。记录各污染防治设施的运行参数，如曝气量、药剂投加量等。

（4）应急处理

根据废水处理设施生产及周围环境的实际情况，考虑各种可能的突发性事故，做好应急预案，配备人力、设备、通信等资源，预留应急处理的条件。由于紧急事故造成设施停止运行时，应立即报告当地生态环境主管部门。

3.5.5.3 固体废物

①应记录固体废物产生量和去向（贮存、利用、处置和转移）及相应量。

②生产车间产生的板边、锯屑、木块等边角料以及砂光粉应尽可能进行综合利用。

③生产车间产生的废胶渣、化学辅料包装（桶）、厂内实验室固体废物以及其他固体废物，应进行分类管理并及时处理处置，危险废物应委托有资质的单位进行利用处置。

④污水处理产生的污泥应及时处理处置，并达到相应的污染物排放或控制标准要求。

⑤加强污泥处理处置各个环节（收集、贮存、调节、脱水和外运等）的运行管理，污泥暂存场所地面应采取防渗漏措施。

⑥危险废物应按规定严格执行危险废物转移联单制度。

3.6 实际排放量核算方法

3.6.1 主体思路及一般原则

人造板工业排污单位应核算废气有组织排放的甲醛、VOCs、颗粒物的实际排放量。核算方法包括实测法、产排污系数法等。排污单位的废气污染物在核算时段内的实际排放量等于正常情况下的实际排放量。核算时段根据管理要求可以是季度、年度或特殊时段等。

排污许可证要求应采用自动监测的污染物项目，根据符合监测规范的有效自动监测数据采用实测法核算实际排放量。

对于排污许可证中载明应当采用自动监测的排放口或污染物项目而未采用的，按直排核算排放量。采用产排污系数法核算颗粒物、化学需氧量的排放量的，根据单位产品污染物的产生量进行核算。

对于排污许可证未要求采用自动监测的污染物项目，按照优先顺序依次选取自动监测数据、执法监测数据和手工监测数据核算实际排放量。若同一时段的手工监测数据与执法监测数据不一致，以执法监测数据为准。监测数据应符合国家环境监测相关标准技术规范要求。

锅炉实际排放量按《排污许可证申请与核发技术规范　锅炉》执行。

3.6.2 废气

3.6.2.1 实测法

原则上有连续在线监测数据或手工采样监测数据的企业优先采用实测法核算工业废气量，颗粒物（粉尘）、甲醛、VOCs 等的实际排放量。

（1）采用自动监测数据核算

有组织废气主要排放口具有连续监测数据的污染物，按式（3-6）计算实际排放量。

$$E_j = \sum_{i=1}^{T}(C_{i,j} \times Q_i) \times 10^{-9} \quad (3\text{-}6)$$

式中，E_j——核算时段内主要排放口第 j 项污染物的实际排放量，t；

$C_{i,j}$——第 j 项污染物在第 i 小时的实测平均排放浓度，mg/m^3；

Q_i——第 i 小时的标准状态下的干排气量，m^3；

T——核算时段内的污染物排放时间，h。

对于因自动监控设施发生故障以及其他情况导致监测数据缺失的，按《固定污染源烟气排放连续监测技术规范》（HJ 75）进行补遗。

缺失时段超过 25%的自动监测数据不能作为实际排放量的计算依据，实际排放量按“按照要求采用自动监测的排放口或污染因子而未采用”的相关规定进行计算，其他污染物在线监测数据缺失情形可参照核算，生态环境部另有规定的从其规定。

排污单位提供充分证据证明在线数据缺失、数据异常等不是排污单位责任的，可按照排污单位提供的手工监测数据等核算实际排放量，或者按照上一季度申报期间的稳定运行期间自动监测数据的小时浓度均值和季度平均烟气量或流量核算数据缺失时段的实际排放量。

（2）采用手工监测数据核算

采用手工监测实测法应根据每次手工监测时段内每小时污染物的平均排放浓度、平均排气量、运行时间核算污染物排放量。

$$E_j = \sum_{i=1}^{n}(C_{i,j} \times Q_i \times T) \times 10^{-9} \quad (3\text{-}7)$$

式中，E_j——核算时段内主要排放口第 j 项污染物的实际排放量，t；

$C_{i,j}$——第 j 项污染物在第 i 监测频次时段的实测平均排放浓度，mg/m^3；

Q_i——第 i 次监测时段的实测标准状态下平均干排气量，m^3/h；

T——第 i 次监测时段内污染物排放时间，h；

n——核算时段内实际监测频次，不得低于最低监测频次，次。

手工监测包括排污单位自行手工监测和执法监测，同一时段的手工监测数据与执法监测数据不一致的，以执法监测数据为准。

排污单位应将手工监测时段内生产负荷与核算时段内平均生产负荷进行对比，并给出对比结果。

3.6.2.2　产排污系数法

根据第一次全国污染源普查《污染源普查产排污系数手册（上）》中“C2021 胶合板制造业”“C2022 纤维板制造业”“C2023 刨花板制造业”“C2029 其他人造板制造业”内

容，采用产排污系数法核算颗粒物（粉尘）排放量。

$$E_{\text{颗粒物（粉尘）}} = M \times a \times 10^{-3} \tag{3-8}$$

式中，$E_{\text{颗粒物（粉尘）}}$——核算时段内颗粒物（粉尘）排放量，t；

M——核算时段内产品实际产量，m^3；

a——颗粒物（粉尘）产污系数，kg/m^3。

待第二次全国污染源普查数据公布后，从其规定。

3.6.2.3 非正常情况

热能中心启停机等非正常排放期间污染物排放量可采用实测法核算；无法采用实测法核算的，采用产排污系数法核算颗粒物（粉尘）排放量，均按直接排放进行核算。

3.6.3 废水

3.6.3.1 实测法

原则上有连续在线监测数据或手工采样监测数据的企业优先采用实测法核算化学需氧量、悬浮物、五日生化需氧量、氨氮、总磷、总氮、甲醛等的实际排放量。

（1）采用自动监测数据核算

废水总排放口具有连续自动监测数据的污染物实际排放量按式（3-9）计算。

$$E_j = \sum_{i=1}^{T} (C_{i,j} \times Q_i) \times 10^{-6} \tag{3-9}$$

式中，E_j——核算时段内排放口第 j 项污染物的实际排放量，t；

$C_{i,j}$——第 j 项污染物在第 i 日的实测平均排放浓度，mg/L；

Q_i——第 i 日的流量，m^3/d；

T——核算时段内的污染物排放时间，d。

在自动监测数据由于某种原因出现中断或其他情况下，可根据《水污染源在线监测系统（COD_{Cr}、NH_3-N 等）数据有效性判别技术规范》（HJ/T 356）进行排放量补遗。

（2）采用手工监测数据核算

废水总排放口具有手工监测数据的污染物实际排放量按式（3-10）计算。

$$E_j = \sum_{i=1}^{n} (C_{i,j} \times Q_i \times T) \times 10^{-6} \tag{3-10}$$

式中，E_j——核算时段内排放口第 j 项污染物的实际排放量，t；

$C_{i,j}$——第 i 监测时段内第 j 项污染物实测平均排放浓度，mg/L；

Q_i——第 i 监测时段内采样当日的平均流量，m^3/d；

T——第 i 监测时段内污染物排放时间，d；

n——实际监测频次，不得低于最低监测频次，次。

排污单位应将手工监测时段内生产负荷与核算时段内平均生产负荷进行对比，并给出对比结果。监测时段内有多组监测数据时，应加权平均。

3.6.3.2 产排污系数法

根据第一次全国污染源普查《污染源普查产排污系数手册》（上）中“C2021 胶合板制造业”“C2022 纤维板制造业”“C2023 刨花板制造业”和“C2029 其他人造板制造业”内容，计算单位产品排放的化学需氧量。排污单位采用产排污系数法核算化学需氧量，按式（3-11）计算。

$$E = M \times a \times 10^{-3} \tag{3-11}$$

式中，E——核算时段内 COD 排放量，t；

M——核算时段内产品实际生产量，m^3；

a——产污系数，kg/m^3。

待第二次全国污染源普查数据公布后，从其规定。

3.7 合规判定方法

3.7.1 主体思路及确定原则

合规是指排污单位许可事项和环境管理要求符合排污许可证规定。许可事项合规是指排污单位排污口位置和数量、排放方式、排放去向、排放污染物项目、排放限值符合许可证规定。其中，排放限值合规是指排污单位污染物实际排放浓度和排放量满足许可排放限值要求。环境管理要求合规是指排污单位按许可证规定落实自行监测、台账记录、执行报告、信息公开等环境管理要求。

排污单位可通过台账记录、按时上报执行报告和开展自行监测、信息公开，自证其依证排污，满足排污许可证要求。生态环境主管部门可依据排污单位环境管理台账、执行报告、自行监测记录中的内容，判断其污染物排放浓度和排放量是否满足许可排放限值要求，也可通过执法监测判断其污染物排放浓度是否满足许可排放限值要求。

3.7.2 废气

3.7.2.1 正常情况

人造板工业排污单位废气排放口的排放浓度合规是指“任一小时浓度均值满足许可排放浓度要求”。各项废气污染物小时浓度均值根据执法监测、自行监测（包括自动监测和手工监测）进行确定。

（1）执法监测

按照监测规范要求获取的执法监测数据超标的，即视为不合规。根据 GB 16157、HJ/T 397、HJ/T 55 确定监测要求。相关标准中对采样频次和采样时间有规定的，按相关标准的规定执行。

若同一时段的执法监测数据与排污单位自行监测数据不一致，以执法监测数据作为优先证据使用。

（2）自行监测

1）自动监测

将按照监测规范要求获取的有效自动监测数据计算得到的有效小时浓度均值与许可排放浓度限值进行对比，超过许可排放浓度限值的，即视为不合规。对于应当采用自动监测而未采用的排放口或污染物项目，即认为不合规。自动监测小时浓度均值是指“整点 1 h 内不少于 45 min 的有效数据的算术平均值”。

2）手工监测

对于未要求采用自动监测的排放口或污染物，应进行手工监测，按照自行监测方案、监测规范要求获取的监测数据计算得到的有效小时浓度均值超标的，即视为不合规。

根据 GB/T 16157 和 HJ/T 397，小时浓度均值是指“除相关标准另有规定，废气的采样以连续 1 h 采样获取平均值，或在 1 h 内等时间间隔采样 3～4 个样品监测结果的算术平均值”。

3.7.2.2 非正常情况

人造板工业排污单位热能中心启停时段内排放数据不作为废气排放浓度合规判定依据。由于其他工段出现非正常工况导致热能中心停机后冷启动不超过 12 h，热启动不超过 4 h，停机不超过 1 h。锅炉启停机时间参照《排污许可证申请与核发技术规范　锅炉》执行。

3.7.3 废水

排污单位的废水排放口污染物的排放浓度合规是指“任一有效日均值（pH 一次有效数据值）均满足许可排放浓度要求”。

（1）执法监测

按照监测规范要求获取的执法监测数据超标的，即视为不合规。根据 HJ/T 91 确定监测要求。相关标准中对采样频次和采样时间有规定的，按相关标准的规定执行。

若同一时段的执法监测数据与排污单位自行监测数据不一致，以执法监测数据作为优先证据使用。

（2）自行监测

1）自动监测

将按照监测规范要求获取的自动监测数据计算得到的有效日均浓度值（除 pH 外）与许可排放浓度限值进行对比，超过许可排放浓度限值的，即视为不合规；pH 以一次有效数据出现超标的，即视为不合规。对于应当采用自动监测而未采用的排放口或污染物项目，即认为不合规。

对于自动监测，有效日均浓度是对应于以每日为一个监测周期获得的某个污染物的多个有效监测数据的平均值。在同时监测废水排放流量的情况下，有效日均值是以流量为权的某个污染物的有效监测数据的加权平均值；在未监测废水排放流量的情况下，有效日均值是某个污染物的有效监测数据的算术平均值。

自动监测的有效日均浓度应根据 HJ/T 355 和 HJ/T 356 等相关文件确定。

2）手工监测

手工监测按照自行监测方案、监测规范进行，当日各次监测数据平均值或当日混合样监测数据超标的，即视为不合规；pH 出现一次有效数据超标的，即视为不合规。

3.7.4 排放量合规判定

人造板工业排污单位污染物排放量合规是指：①主要排放口污染物实际排放量满足该排放口年许可排放量要求；②对于特殊时段有许可排放量要求的，实际排放量不得超过特殊时段许可排放量。

对于排污单位热能中心启停机情况下的非正常排放，应通过采取加强正常运营时污染物排放管理、减少污染物排放量的措施，确保污染物实际年排放量满足许可排放量要求。

3.7.5 环境管理要求合规判定

生态环境主管部门依据排污许可证中的管理要求，以及相关技术规范，审核环境管理台账记录和许可证执行报告；检查排污单位是否按照自行监测方案开展自行监测；是否按照排污许可证中环境管理台账记录要求记录相关内容，记录频次、形式等是否满足许可证要求；是否按照许可证中执行报告要求定期上报，上报内容是否符合要求；是否按照许可证要求定期进行信息公开；是否满足特殊时段污染防治要求等。

4 人造板工业排污单位排污许可证申报流程

4.1 排污许可证申报材料的准备

4.1.1 排污许可证申报材料收集的必要性

排污单位在排污许可证申请表填报过程中通常会遇到许多问题，因此，为确保填报内容的全面性、合理性、真实性及有效性，人造板工业排污单位应注重对以下材料的收集：①申报时需要从设计文件、环境影响评价文件和批复要求、总量控制指标文件、地方政府的明确书面要求文件、排污单位申请的许可排放限值文件、执行标准文件、行业相关技术规范、生产统计报表、各类证件等材料中提取所需资料，以上资料分别由办公室、生产处等部门保管。②人造板工业生产工艺流程较多，原辅材料信息，废气、废水排放管理信息等分布于不同的部门、工段，因此需要进行多方资料收集；企业在填报过程中涉及的专业较多，具体有工艺、电气、热机、给排水、制胶等专业，因此需要多专业进行相关资料的收集。

4.1.2 排污许可证申请表填报内容简介

排污许可证申请表填报包括 13 张主表和相关附件，分别为：

①表 1　排污单位基本情况；

②表 2　排污单位登记信息——主要产品及产能；

③表 3　排污单位登记信息——主要原辅材料及燃料；

④表 4　排污单位登记信息——产排污节点、污染物及污染治理设施；

⑤表 5　大气污染物排放信息——排放口；

⑥表 6　大气污染物排放信息——有组织排放信息；

⑦表 7　大气污染物排放信息——无组织排放信息；

⑧表 8　大气污染物排放信息——企业大气排放总许可量；

⑨表 9 水污染物排放信息——排放口；

⑩表 10 水污染物排放信息——申请排放信息；

⑪表 11 环境管理要求——自行监测要求；

⑫表 12 环境管理要求——环境管理台账记录要求；

⑬表 13 地方生态环境部门依法增加的内容；

企业应按照表 1 至表 13 的顺序进行填写。由于各表格之间具有逻辑性和关联性，企业在填报时应确保每一步填报的信息的准确性和完整性。

4.1.3 排污许可证申报所需的资料梳理

各申请表所需参考资料/数据清单见表 4-1。

表 4-1 各申请表所需资料/数据清单

序号	申报表名称	所需参考资料/数据清单
1	排污单位基本情况	企业名称、企业经营许可证、行业类别、法定代表人、统一社会信用代码、生产工艺、生产规模、环保投资、排污权交易文件、环境影响评价审批意见及排污许可证编号
2	排污单位登记信息——主要产品及产能	各生产设施设计文件；项目环评报告书、产能确定文件、内部设备编码表（优先使用）、《固定污染源（水、大气）编码规则》；各环保设备、主机设备的说明书等
3	排污单位登记信息——主要原辅材料及燃料	设计文件、生产统计报表、生产工艺流程图、生产厂区总平面布置图（含雨污水管网图）、原辅材料及燃料信息
4	排污单位登记信息——产排污节点、污染物及污染治理设施	GB 16297、GB 8978 等国家及地方排放标准；技术规范、环评文件、设计文件、内部设备编码表（优先使用）、《固定污染源（水、大气）编码规则》、有组织排放口编号（优先使用生态环境主管部门已核定的编号）、环境管理台账
5	大气污染物排放信息——排放口	环境管理台账；GB 16297 等国家及地方排放标准；环评文件
6	大气污染物排放信息——有组织排放信息	GB 16297 等国家及地方排放标准；申请年许可排放量、错峰生产时段月许可排放量计算过程；国家或地方政府关于错峰生产要求的文件
7	大气污染物排放信息——无组织排放信息	GB 16297 等国家及地方排放标准；现场无组织源管控的措施梳理统计表
8	大气污染物排放信息——企业大气排放总许可量	环评文件、总量控制指标文件、申请年许可排放量核算文件
9	水污染物排放信息——排放口	GB 8978 等国家及地方排放标准；排放口信息，受纳自然水体、污水处理厂信息及其排放限值（排入污水处理厂的）等
10	水污染物排放信息——申请排放信息	GB 8978 等国家及地方排放标准
11	环境管理要求——自行监测要求	监测相关技术规范等；GB 16297、GB 8978 等国家及地方排放标准

序号	申报表名称	所需参考资料/数据清单
12	环境管理要求——环境管理台账记录要求	行业技术规范、环境管理台账等
13	地方生态环境部门依法增加的内容	—
14	相关附件	守法承诺书（法人签字）；排污许可证信息公开情况说明表（重点管理）；符合建设项目环境影响评价程序的相关文件或证明材料；通过排污权交易获取排污权指标的证明材料；城镇污水集中处理设施应提供纳污范围、管网布置、排放去向等材料；地方规定排污许可证申请表文件（如有）

4.2 申报系统注册

4.2.1 注册网址及注意事项

信息填报系统的网址为 http：//permit.mep.gov.cn，也可通过生态环境部官网 http：//www.mee.gov.vn 进入，然后由左侧“业务工作”栏，点击“排污许可”模块进入“业务工作-排污许可”界面，点击“全国排污许可证管理信息”进入“全国排污许可证管理信息 公开端”界面开始网上申报。

点击“网上申报”后界面如图 4-1 所示。

图 4-1　全国排污许可证申报登录界面

点击“注册”按钮开始网上注册。注意事项：①应使用 IE9 及以上版本的 IE 浏览器，将浏览器设为兼容模式。若发现仍无法正常使用，建议尝试更换浏览器。②若无法登录，请公司网管协助解决登录权限，确保网络正常；若还是无法登录，可联系平台人工服务端。③在试填报系统注册的账号和密码在正式系统中无法使用，申报单位应在正式系统重新注册。

4.2.2 注册信息填报流程及注意事项

（1）注册信息需要填报的内容

申报单位名称、总公司单位名称、注册地址、生产经营场所地址、邮编、省份、城市、区县、流域、行业类别、其他行业类别、是否有统一社会信用代码、总公司统一社会信用代码、用户名、密码、电子邮箱，并需上传组织机构代码证或营业执照复印件，注册信息填报界面如图 4-2 所示。

图 4-2 注册信息填报界面

（2）注意事项

①企业填报时应对注册说明进行审阅，确保填报信息准确。②系统中“*”项为必填项，有信息的按照要求填报，无信息的填“/”，不能为空。③行业类别编码为“C202 人造板制造”；若排污单位有锅炉行业，应在其他行业类别中添加“D443 热力生产和供应”或“TY01 锅炉”。④务必妥善保存用户名和密码，用户名填报时建议使用公司名称缩写等，以便于记忆，防止人员调动带来的不便。⑤“注册地址”及“生产经营场所地址”应与企业营业执照上的信息相同。⑥“总公司单位名称”需与统一社会信用代码对应单位名称一致，“申报单位名称”可以是分厂名称或所在部门名称。

4.3 信息申报系统正式填报

4.3.1 系统登录流程及注意事项

信息申报系统的登录流程见图 4-3 和图 4-4。

图 4-3 信息申报系统登录流程界面

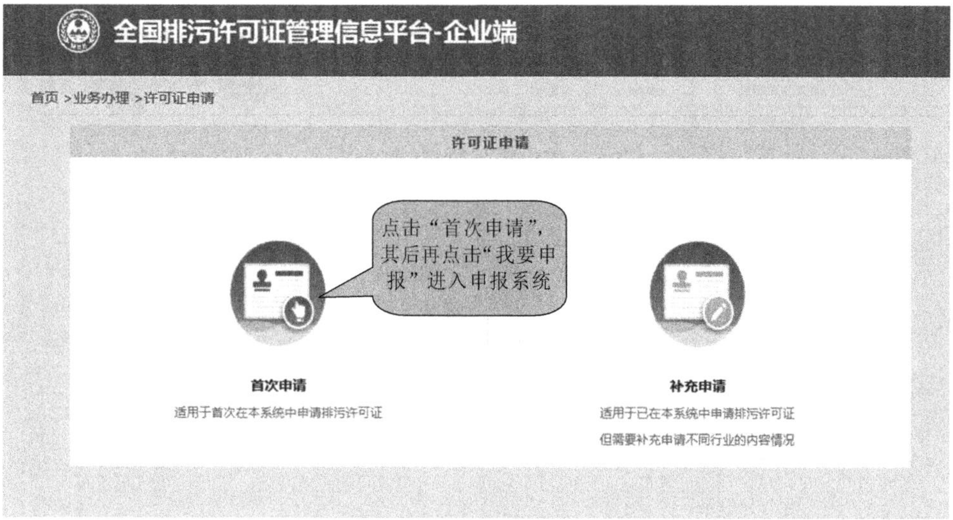

图 4-4 信息申报系统登录选项界面

注意事项：①图 4-3 中企业基本信息和密码可点击修改，其他信息不可修改；右侧为企业目前业务办理状态。②首次填报申请排污许可证，应选择图 4-4"首次申请"。③对于已取得排污许可证的其他行业配套"人造板制造"行业的，应选择图 4-4"补充申请"。

4.3.2 排污单位基本情况填报流程及注意事项

4.3.2.1 排污单位基本信息填报

排污单位基本信息填报界面见图 4-5。

（1）填报内容

单位名称、是否需改正、排污许可证管理类别、邮政编码、行业类别（填报时选择胶合板、纤维板、刨花板、其他人造板）、是否投产、投产日期、生产经营场所中心经纬度、所在地是否属于环境敏感区（如大气重点控制区域，总磷、总氮控制区等）、所属工业园区名称、环境影响评价审批意见文号（备案编号）、地方政府对违规项目的认定或备案文件及文号、主要污染物总量分配计划文件及文号、颗粒物总量指标（t/a）、氮氧化物总量指标（t/a）、VOCs 总量指标（t/a）、化学需氧量总量指标（t/a）、氨氮总量指标（t/a）、其他污染物总量指标（如有）等。

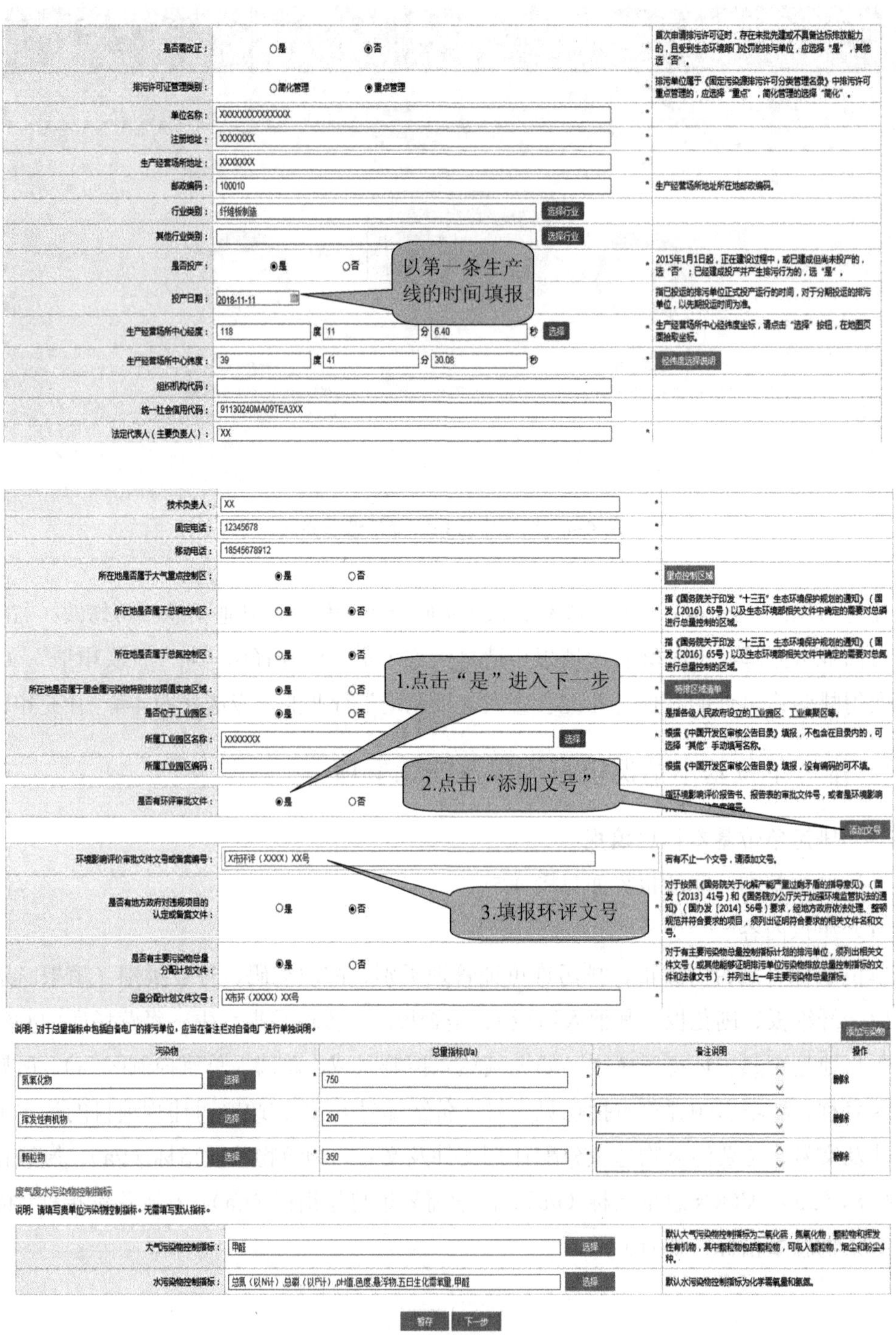

图 4-5　排污单位基本信息填报界面

填报行业类别时，人造板工业排污单位填报胶合板制造、纤维板制造、刨花板制造、其他人造板制造等类别。

（2）注意事项

①排污许可证管理类别应根据 2019 年 12 月生态环境部印发的《固定污染源排污许可分类管理名录（2019 年版）》进行划分，其中“纳入重点排污单位名录的”排污单位为重点管理，“除重点管理以外的胶合板制造 2021（年产 10 万 m^3 及以上的）、纤维板制造 2022、刨花板制造 2023、其他人造板制造 2029（年产 10 万 m^3 及以上的）”排污单位为简化管理，其余为登记管理。②关于是否投产，应以公司第一条生产线的实际投产时间为准。③组织机构代码和统一社会信用代码可查公司营业执照等证件填报，两者应仅填一个。④关于生产经营场所中心经纬度，其定位可以采用系统的 GIS 地图定位，也可通过定位仪器定位。⑤法定代表人、技术负责人、联系方式为必填项，技术负责人为企业固定的环保负责人，联系方式为技术负责人的电话。⑥所在地是否属于大气重点控制区，企业可通过点击“重点控制区域”查看并确定。⑦所在地是否属于总磷、总氮控制区应根据《国务院关于印发“十三五”生态环境保护规划的通知》（国发〔2016〕65 号）以及生态环境部相关文件中确定的需要对总磷、总氮进行控制的文件确定。⑧是否属于工业园区应根据地方园区规划文件进行确定。⑨环评审批意见文件或地方政府对违规项目的认定或备案文件至少应填报一个（1998 年 11 月 29 日之前的建设项目除外）。⑩总量分配计划文件信息填报时，针对一个公司含有多个有效的总量分配计划文件的，应在“总量分配计划文件文号”栏中一一填报，在填报指标时，应结合总量分配计划文件从严确定，烟尘和粉尘应统一填报为颗粒物。⑪应注意，对于“废气废水污染物控制指标”，系统默认指标不用填写（大气：SO_2、NO_x、颗粒物；水：COD、氨氮），人造板工业排污单位大气污染物指标只需填写甲醛；废水污染物指标需填写 pH、色度、BOD_5、悬浮物、总氮、总磷、甲醛；地方环境保护主管部门另有规定的，从其规定。

4.3.2.2 经纬度定位方法（系统地图定位法）

经纬度定位方法（系统地图定位法）见图 4-6。

注意事项：①申报单位必须通过系统 GIS 地图定位（因为不同的定位系统存在一定的偏差，为了确保定位准确，方便生态环境执法，必须通过该系统定位）。②定位过程为：拾取—查找—定位—结束拾取—确定。③针对新建项目在地图上无法显示的问题，可以利用附近参照物进行定位。

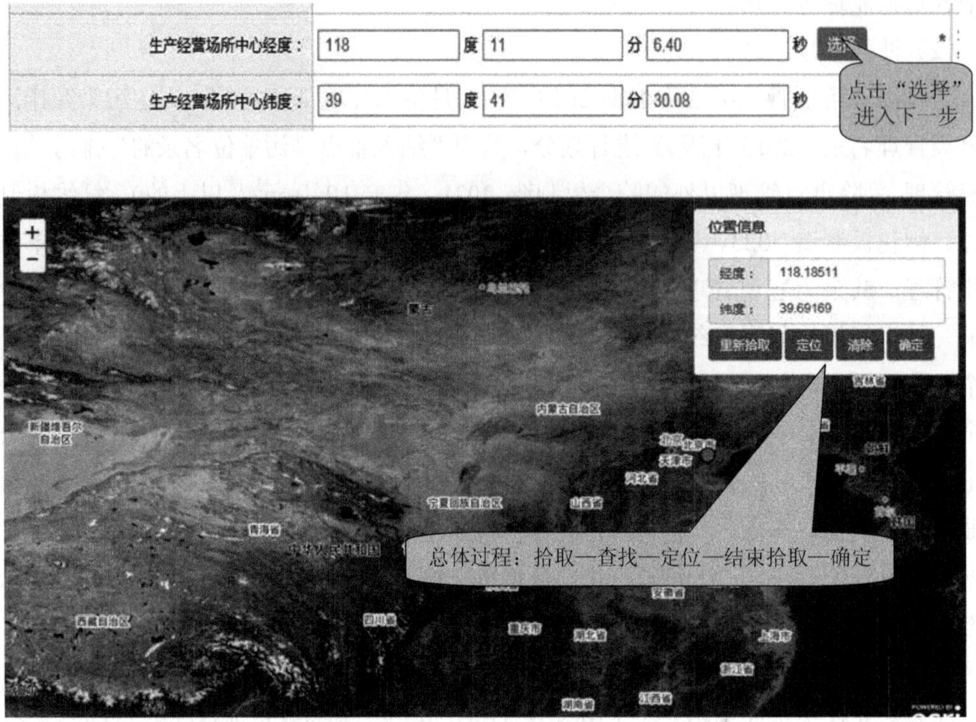

图 4-6　经纬度定位方法界面

4.3.3　排污单位登记信息——主要产品及产能填报流程及注意事项

（1）主要填报内容

行业类别、主要生产单元名称、主要工艺名称、生产设施名称、生产设施编号、设施参数、产品名称、计量单位、生产能力以及其他信息。

现以年产 30 万 m^3 的纤维板生产线为例进行填报（按照图 4-7 中步骤完成生产单元的信息填报），点击“添加”按钮按照提示逐步填写各生产设施详细信息。

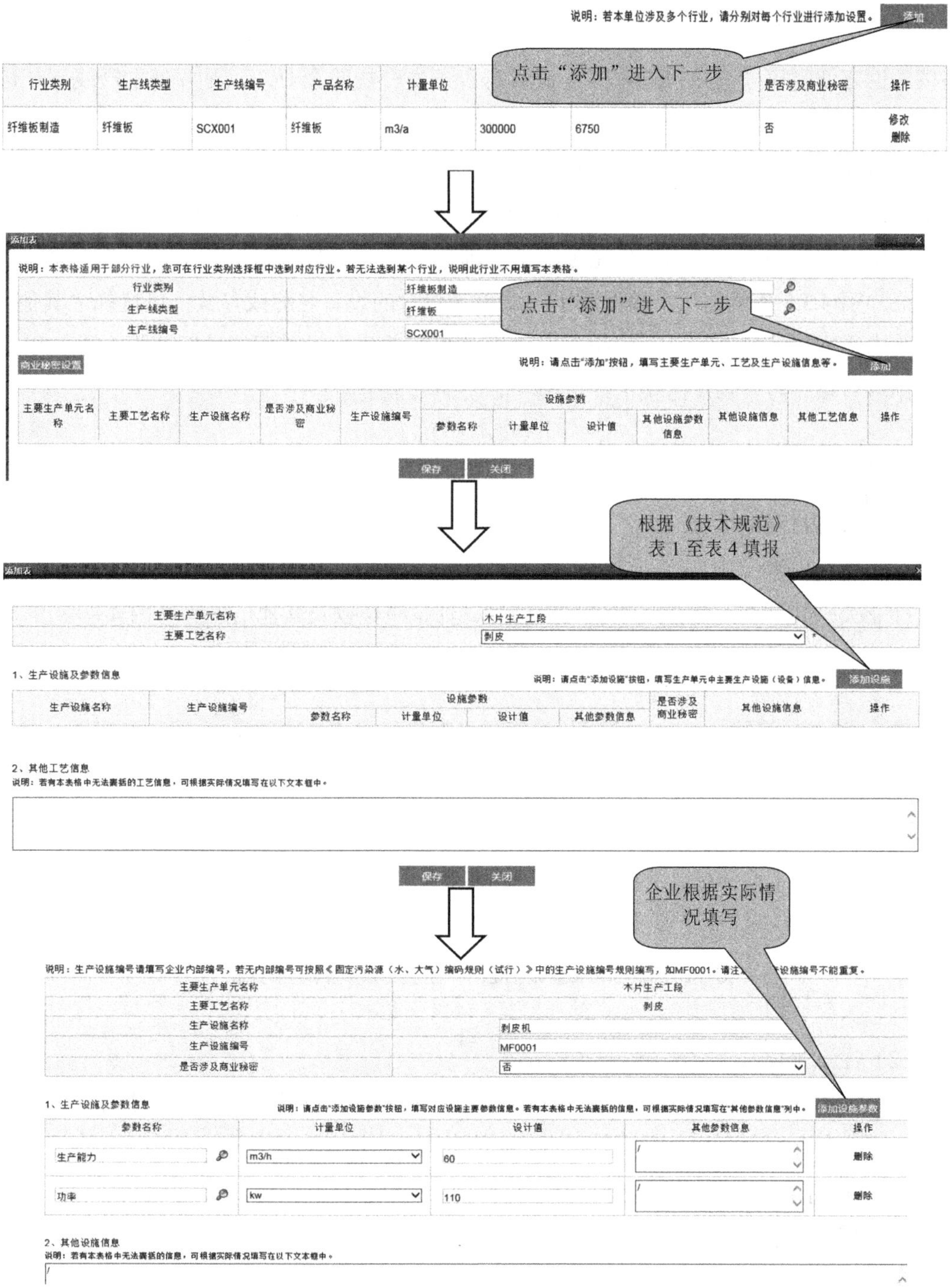

图 4-7 排污单位登记信息——主要产品及产能填报界面

（2）注意事项

①应按照主要生产单元、工艺的先后顺序填报（见《技术规范》表 1 至表 4），防止漏填，也方便复核。②填报过程中，针对有多条生产线的企业，应对各条生产线逐一进行填报，注意生产线类型、编号及产品名称应一一对应。③填报过程中对于有多个产污设施的情况，应对各产污设施分别进行编号。④对于公共单元，其“工艺名称”在“其他工艺信息”栏内补充。⑤填报时一定要注意及时保存，防止死机等现象导致前功尽弃，每个填报层次中的所有信息填报完全后方可进入下一步填报。⑥填报“产能”时按照《技术规范》第 4.3.5 条确定。⑦填报时下拉菜单未包含的设备名称或参数，可选择“其他”并修改成所需填报的信息。⑧填报时应结合本单位的生产设施配置情况填报全面，以确保“排污节点、污染物及污染治理设施”等表的填报全面。

4.3.4 排污单位登记信息——主要原辅材料及燃料填报流程及注意事项

4.3.4.1 原辅材料的填报

（1）填报内容

行业类别、种类、名称、年最大使用量、计量单位以及其他信息等（图 4-8）。

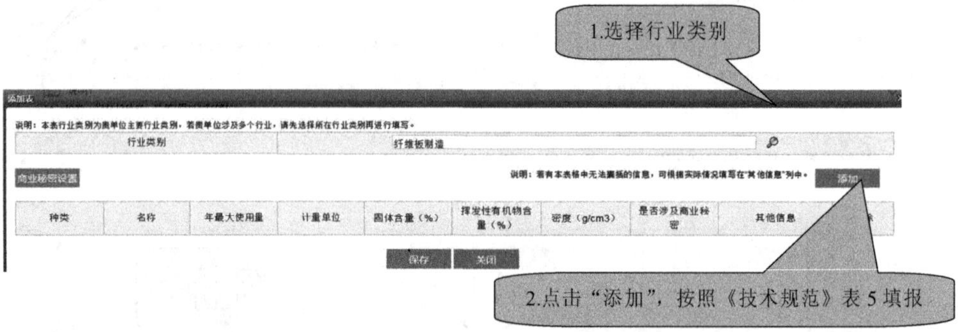

图 4-8 排污单位登记信息——主要原辅材料填报界面

（2）注意事项

①原辅材料及燃料种类按照《技术规范》表 5 选填，原辅材料中不含有毒有害物质可不填写有毒有害成分及占比。②年最大使用量为全厂同类原辅材料的总计（注意计量单位）。③填报时下拉菜单中未包含的原辅材料种类，可选择“其他”并修改成对应的名称。

4.3.4.2 燃料的填报

（1）填报内容

行业类别、燃料名称、灰分、硫分、挥发分、热值、年最大使用量及其他信息等，填报步骤同原辅材料填报。

（2）注意事项

①对于人造板工业排污单位，燃料大多采用生物质燃料，硫分和灰分含量较低，不含汞元素，填报“汞”含量时可填“/”。②对于锅炉或热能中心生产单元有单独排放口的排污单位，填报本表时选择行业“热力生产和供应（D443）”或“锅炉（TY01）”，按照《排污许可证申请与核发技术规范 锅炉》（HJ 953—2018）进行填报。③特别注意“热值”单位为 kJ/kg，“年最大使用量”单位为“t”。

4.3.4.3 生产工艺流程图、生产厂区总平面布置图上传

图片上传界面和过程见图 4-9 和图 4-10。

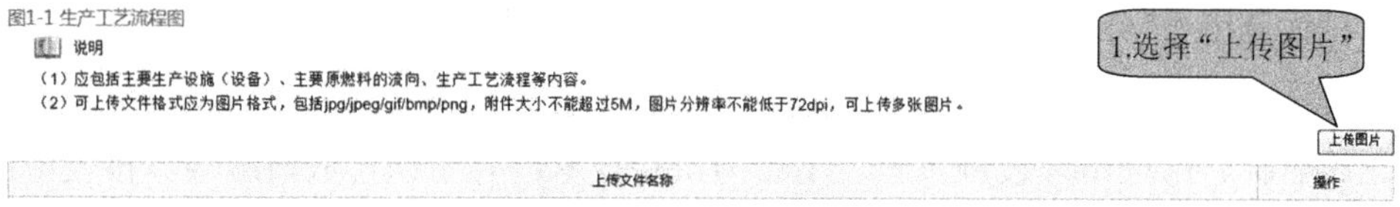

图 4-9 图片上传界面

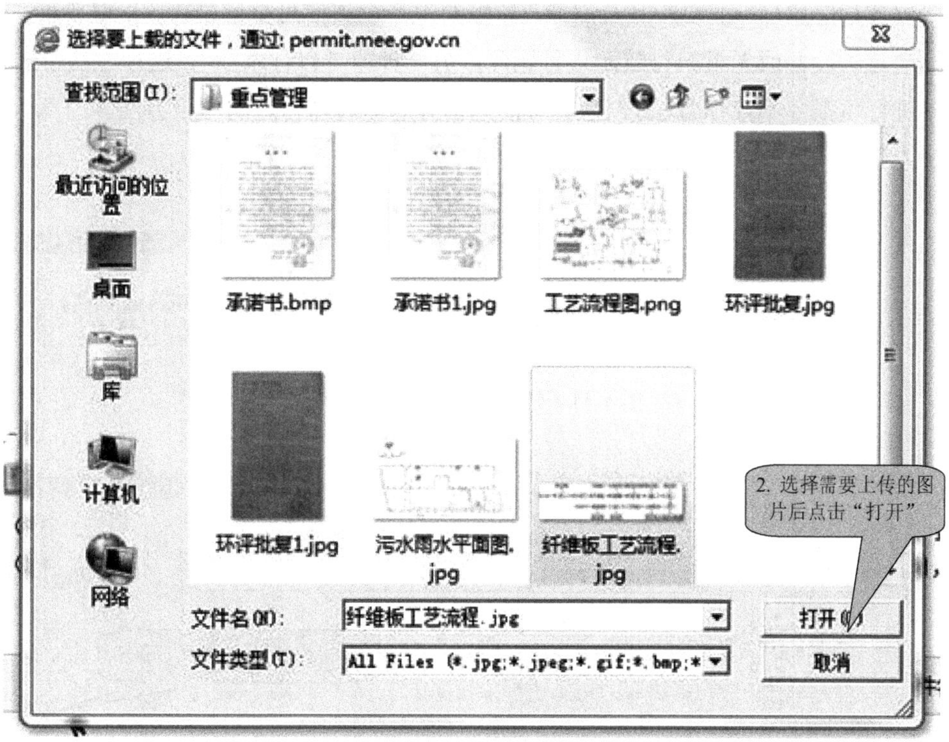

图 4-10 图片上传过程

注意事项：①生产工艺流程图应包括主要生产设施（设备），主要原辅材料及燃料的流向，生产工艺流程，厂区废气、废水的产生单元及走向等内容。②若存在多条生产线、

一张图难以表述清楚的，可上传多张工艺流程图。③注意上传文件的格式应为图片格式，包括 jpg、jpeg、gif、bmp、png，附件大小不能超过 5 M，图片分辨率不能低于 72 dpi，可上传多张图片。

4.3.5 排污单位登记信息——产排污节点、污染物及污染治理设施填报流程及注意事项

4.3.5.1 废气产排污节点、污染物及污染治理设施信息填报

（1）填报内容

产污设施编号（自“排污单位登记信息——主要产品及产能表”带入）、产污设施名称（同前带入）、对应产污环节名称、污染物种类、排放形式；污染治理设施编号、污染治理设施名称、污染治理设施工艺、是否为可行技术；有组织排放口编号、排放口设置是否符合要求、排放口类型等内容。

填报过程：有两种方法，第一种选择“带入新增产污设施”（推荐方法），将“表 2：排污单位登记信息——主要产品及产能”填报的生产设施信息全部带入，根据要求，对于部分不产污的设备或无组织排放源进行删除。另一种即“自行添加”，这种方法可选择产污设备进行填报（不推荐方法）。企业可根据自身情况选择合适的填报方法。

1）“带入新增产污设施”法（图 4-11 和图 4-12）

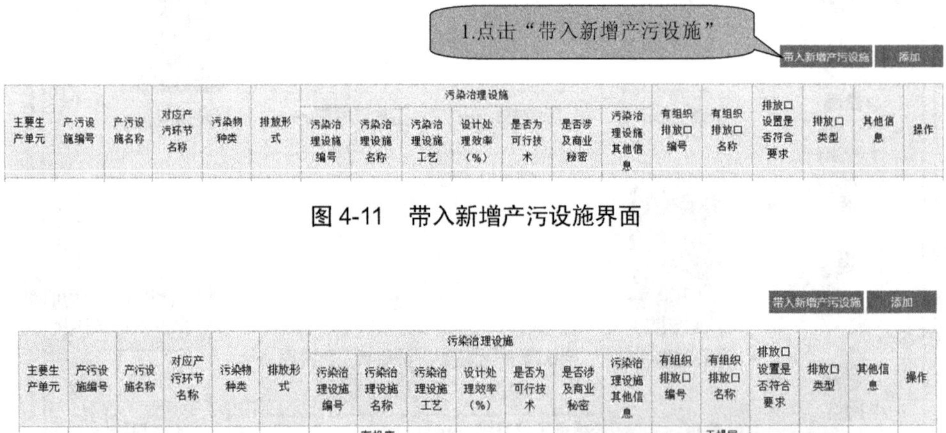

图 4-11 带入新增产污设施界面

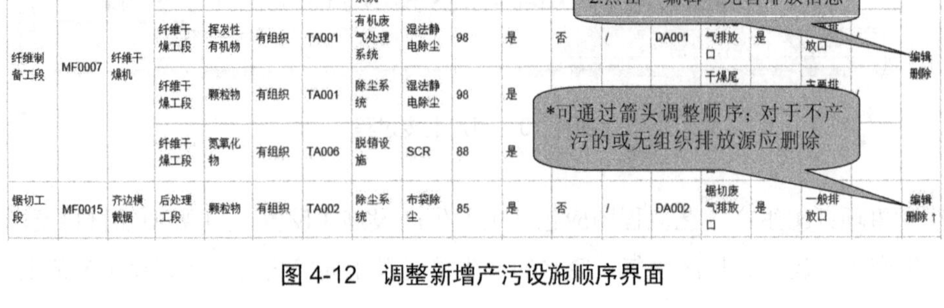

图 4-12 调整新增产污设施顺序界面

2）“自行添加”法（图 4-13 至图 4-15）

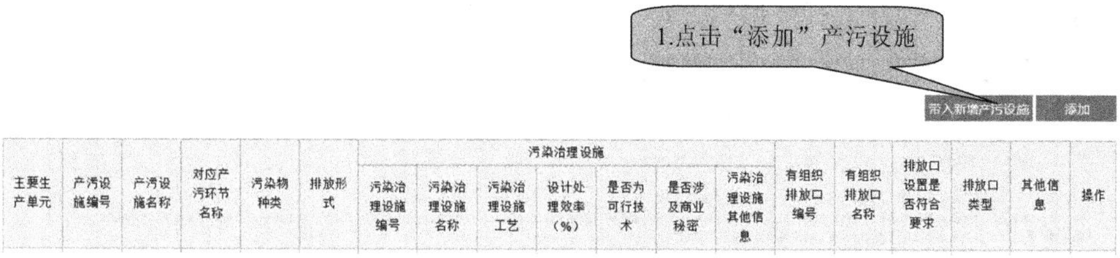

图 4-13　添加废气产污设施界面

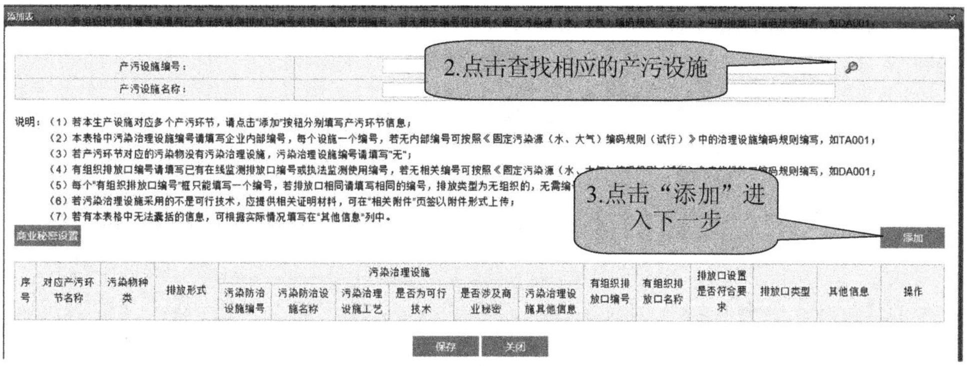

图 4-14　查找及添加废气产污设施界面

选择	序号	主要生产单元名称	主要工艺名称	产污设施名称	产污设施编号
◉	1	裁板工段	其他工艺	规格锯	MF0018
○	2	调（施）胶工段	调拌胶	拌胶机	MF0010
○	3	公共单元	/	泵房	MF0020
○	4	公共单元	/	热能中心	MF0019
○	5	公共单元	/	污水处理站	MF0021
○	6	锯切工段	冷却翻板	冷却翻板机	MF0016
○	7	锯切工段	齐边	齐边横锯	MF0015
○	8	木片生产工段	剥皮	剥皮机	MF0001
○	9	木片生产工段	剥皮	剥皮机	MF0002
○	10	木片生产工段	筛选	木片筛选机	MF0005

图 4-15　选择添加废气产污设施界面

点击选择生产单元信息后通过点击“添加”完成相关信息的填报，具体步骤见图 4-16 和图 4-17。

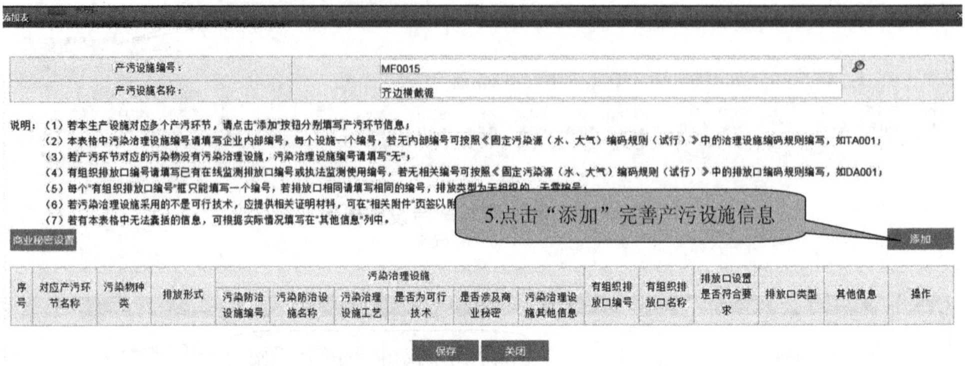

图 4-16　添加完善废气产污设施信息界面

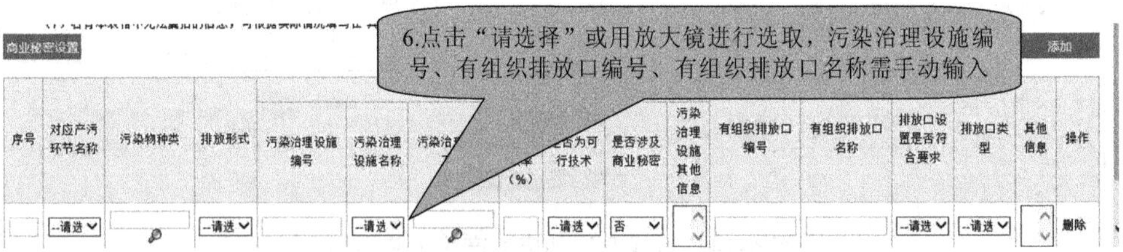

图 4-17　选取废气污染治理设施参数界面

（2）注意事项

①对于带入的不涉及废气、废水产污环节的生产设施应进行删除，如“供水工程”。②废气排放口污染物种类应按照《技术规范》表 6 的要求填全，应注意个别工段废气排放口既可以是有组织的也可以是无组织的，应根据表 6 的“注”进行判别。③对于热能中心废气进入干燥工段，由干燥工段排放口排放，同时热压废气进入热能中心燃烧的情况，其热压工段废气排放口类别及编号同干燥工段废气排放口类别及编号，并在“其他信息”中备注“进入热能中心燃烧”。④废气排放口类型按照《技术规范》表 6 确定，纳入重点管理的排污单位的干燥工段排放口为主要排放口，其余为一般排放口，废水排放口为一般排放口。⑤对于多个污染源共用一个污染治理设施的情况，应在“污染治理设施其他信息”中备注清楚。需要特别说明的是，采用的处理技术应与《技术规范》附录 A 进行对照，查看是否属于可行技术，对于未采用《技术规范》所列污染防治可行技术的，排污单位应当在申请时提供相关证明材料（如已有监测数据；对于国内外首次采用的污染治理技术，还应当提供中试数据等说明材料），证明具备同等污染防治能力。

4.3.5.2 废水产排污节点、污染物及污染治理设施信息填报

（1）填报内容

行业类别、废水类别、污染物种类、排放去向、排放规律、污染治理设施编号、污染治理设施名称、污染治理设施工艺、设计处理水量、是否为可行技术、排放口编号、排放口名称、排放口设置是否符合要求、排放口类型等信息。

填报流程见图 4-18 和图 4-19。

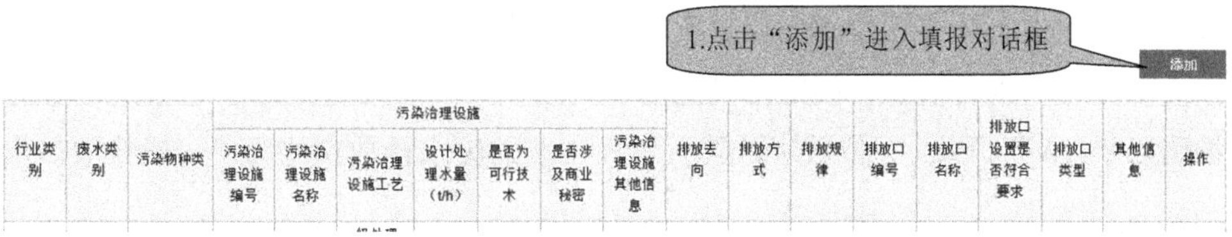

图 4-18 添加废水产污设施界面

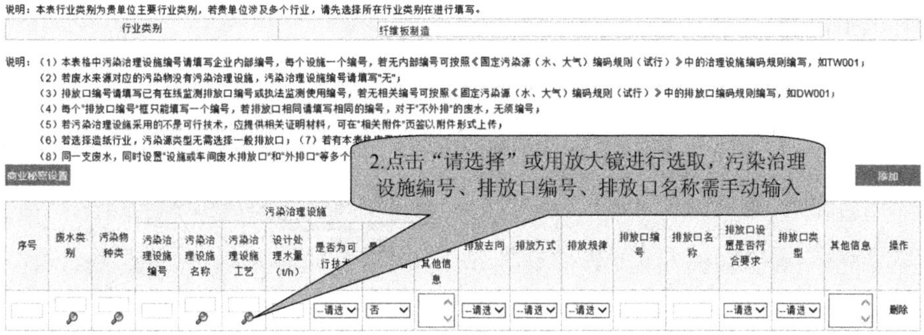

图 4-19 选取废水污染治理设施参数界面

（2）注意事项

①行业类别默认为申报时的行业类别，若有其他行业，根据要求选填。②根据人造板行业工艺特点，一般情况下，纤维板制造综合污水包括生产废水及生活污水，生产废水主要为水洗热磨工段、少量设备清洗废水；胶合板制造若存在蒸煮工段，其综合污水包括生产废水及生活污水，生产废水主要为蒸煮废水及少量设备清洗废水；刨花板制造基本无生产废水产生，厂区仅有单独的生活污水排放；企业应根据实际产污情况选填，即使不外排也应填报。③废水排放口污染物种类应按照《技术规范》表 7 的要求填写，若排污单位无生产废水产生，仅为生活污水并进入城镇集中污水处理设施，废水类别在“其他”中填写“生活污水”，“污染治理设施编号”填写“/”。④对于排放去向，“排至厂内综合污水处理站”指生产废水及生活污水排至综合污水处理站；对于综合污水处理站，“不外排”指全厂废水经处理后全部回用不排放；废水直接排放至海域等外排的是指“经过厂内污水处理站处理达标后外排”，并填报相应的排放口编号。⑤废水污染治理设施编

号优先使用企业内部编号，若无内部编号，可按照《固定污染源（水、大气）编码规则（试行）》编号，废水污染治理设施编码为“TW”开头+三位数字。⑥应根据污染治理设施对应选填污染治理设施工艺，此处为多选，应与《技术规范》附录A对照确定是否为可行技术，需要特别说明的是，对于未采用《技术规范》所列污染防治可行技术的，排污单位应当在申请时提供相关证明材料（如已有监测数据；对于国内外首次采用的污染治理技术，还应当提供中试数据等说明材料），证明具备同等污染防治能力。⑦废水外排口编号优先使用生态环境管理部门已核发的编号，若无生态环境管理部门已核发的编号，可填报内部编号，也可按照《固定污染源（水、大气）编码规则（试行）》编号，废水排放口编码以“DW”开头+三位数字。⑧人造板工业的废水排放口均为“一般排放口”。

4.3.6 大气污染物排放信息——排放口填报流程及注意事项

4.3.6.1 大气排放口基本情况表填报流程及注意事项

（1）填报内容

排放口编号（自动带入）、排放口名称、污染物种类（自动带入）、排放口地理坐标，排气筒高度、排气筒出口内径、排气温度等信息（图4-20和图4-21）。

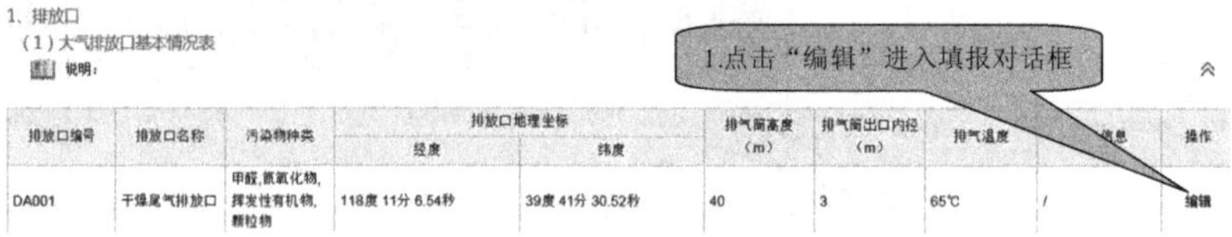

图4-20 大气排放口基本情况填报界面

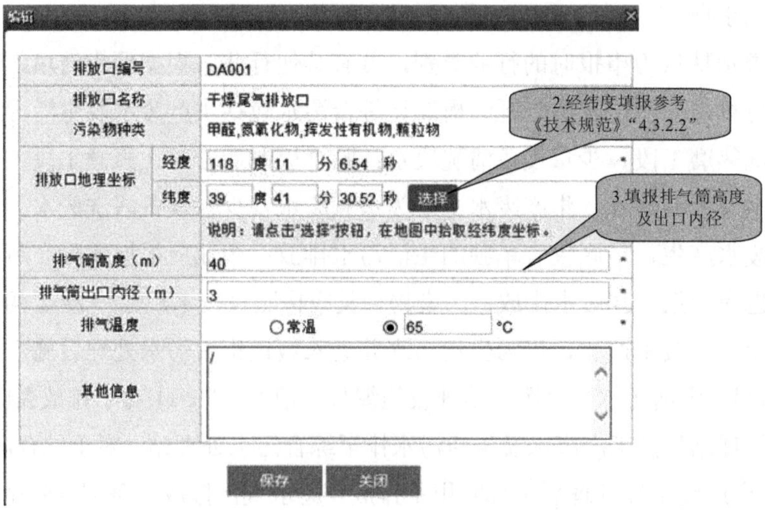

图4-21 大气排放参数填报界面

（2）注意事项

①排气筒高度为排气筒顶端距离地面的高度，根据 GB 16297—1996 的规定，排气筒高度不应低于 15 m。②排气筒出口内径为监测点位的内径。③排放口地理坐标必须在系统上拾取，对于排放口的经纬度拾取过程中地图分辨率无法满足要求的，在可显示的分辨率下拾取大概位置即可（无法在地图上显示的新建项目可通过周边参照物拾取）。

4.3.6.2 废气污染物排放执行标准信息表填报流程及注意事项

（1）填报内容

国家或地方污染物排放标准、环境影响评价批复要求、承诺更加严格排放限值等信息。按照图 4-22 的步骤完成颗粒物排放限值信息的填报。

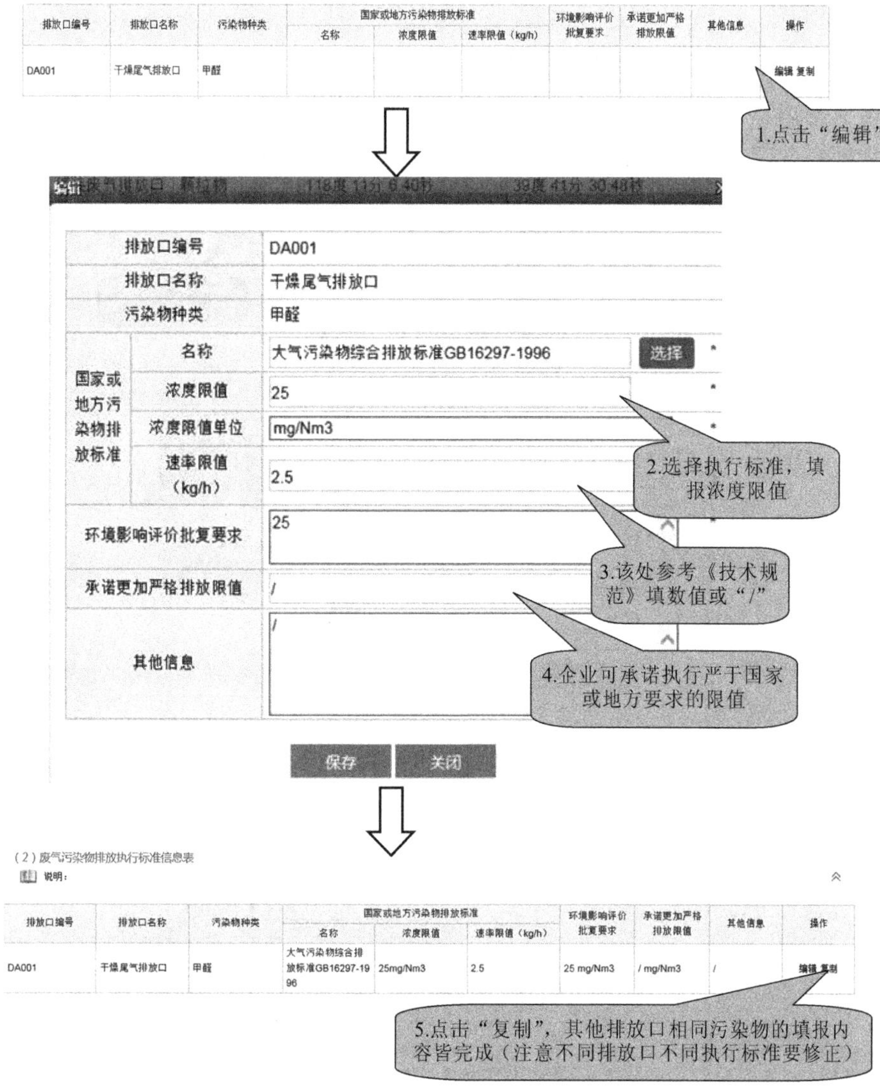

图 4-22 废气污染物排放执行标准信息填报界面

（2）注意事项

①选择执行标准时，应先确定所在地是否有地方标准，并根据“排放浓度限值从严确定原则”选择执行标准。②执行的标准中有速率限值的应填报，否则填“/”。③“环评影响评价批复要求”若有则需填写，否则填“/”。④企业可根据自身的管理需求决定是否填报“承诺更加严格排放限值”，若填报，该限值不作为达标判定的依据。⑤若有地方标准而选填时缺少该标准，应与地方生态环境管理部门联系添加。

4.3.7 大气污染物排放信息——有组织排放信息填报流程及注意事项

以下介绍主要排放口信息填报流程及注意事项，一般排放口填报流程参考主要排放口。

（1）填报内容

排放口编号（自动带入）、排放口名称（自动带入）、污染物种类（自动带入）、申请许可排放浓度限值（自动带入）、申请许可排放速率限值（自动带入）、申请年许可排放量限值、申请特殊排放浓度限值和申请特殊时段许可排放量限值（图 4-23）。

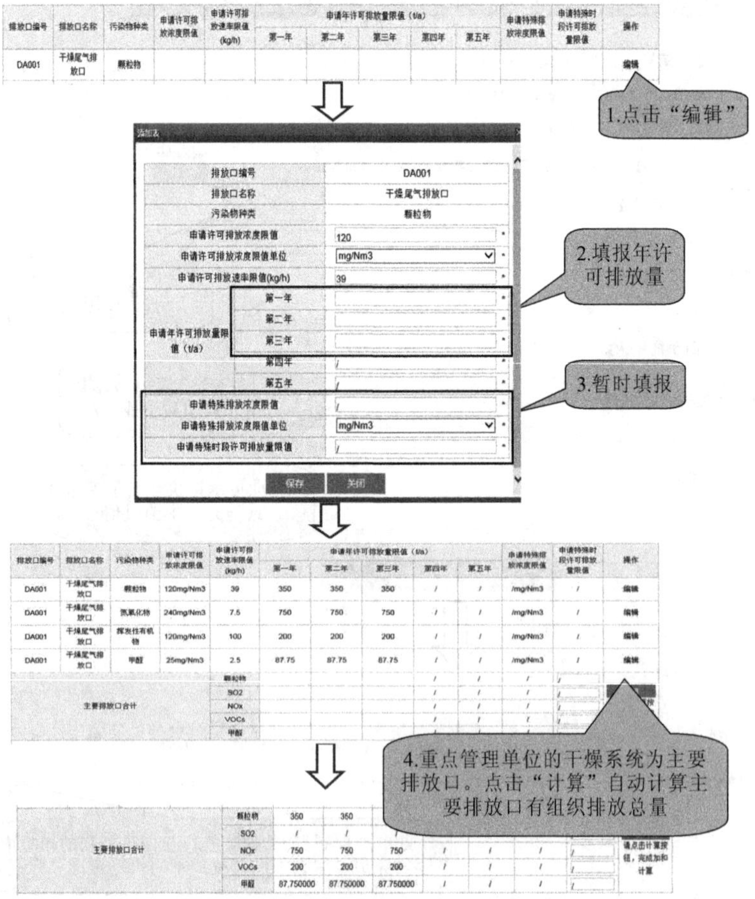

图 4-23 有组织废气排放信息填报界面

（2）注意事项

①申请许可排放浓度限值及申请许可排放速率限值为自动带入。②根据《技术规范》表 6，纤维板制造的主要排放口许可颗粒物、氮氧化物、挥发性有机物、甲醛；刨花板制造的主要排放口许可颗粒物、氮氧化物、挥发性有机物；一般排放口不许可排放量；特别说明的是，表 1 中若增加了其他污染物管控指标，此处也自动生成，根据相关管理要求申报许可量。③该表应按照《技术规范》推荐方法核算许可排放量并填报。④该表的特殊时段许可排放浓度限值和排放量暂填“/”。⑤核算主要排放口许可量时，应根据核算公式按排放口逐个进行核算，求和得出；对于排污单位有多条生产线的，首先按单条生产线核算许可排放量，加和后即为排污单位许可排放量。

4.3.8 大气污染物排放信息——无组织排放信息填报流程及注意事项

（1）填报内容

行业（自动带入）、生产设施编号/无组织排放编号、产污环节、污染物种类、主要污染防治措施、国家或地方污染物排放标准、年许可排放量限值等信息（图 4-24）。

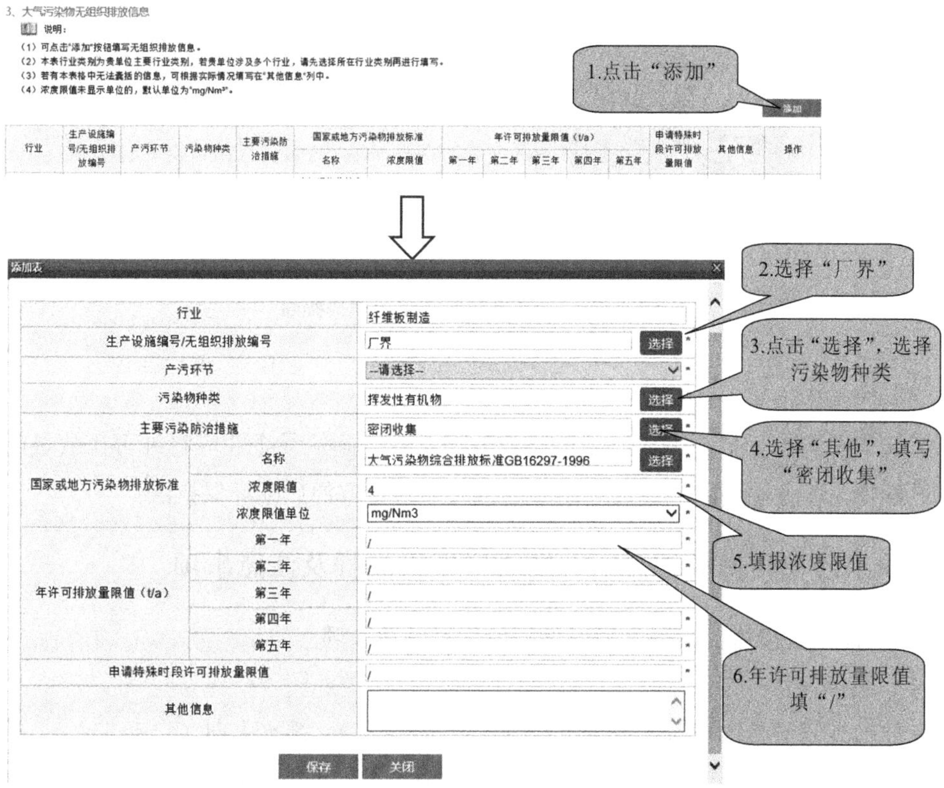

图 4-24 无组织废气排放信息填报界面

（2）注意事项

①该表由“表 4 产排污节点、污染物及污染治理设施”自动生成；特别注意的是，需在添加栏内添加排放信息，即“无组织排放编号”选填“厂界”。②“污染物种类”按照《技术规范》表 6 填写，无组织废气“主要污染防治措施”填写“密闭收集”即可，排放标准的选填及限值的填报应从严确定。③无组织废气排放不许可排放量，即“年许可排放量限值”“申请特殊时段许可排放量限值”均填“/”。

4.3.9 大气污染物排放信息——企业大气排放总许可量填报流程及注意事项

（1）填报内容

填写全厂合计量（图 4-25）。

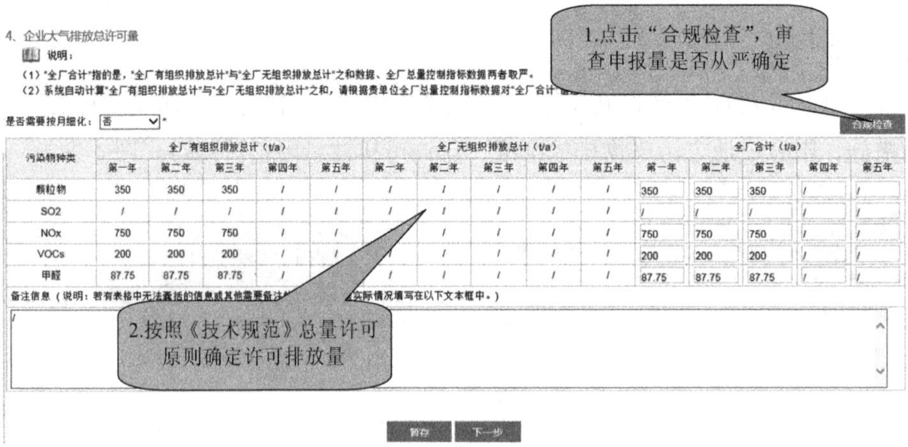
4、企业大气排放总许可量
说明：
（1）"全厂合计"指的是，"全厂有组织排放总计"与"全厂无组织排放总计"之和数据、全厂总量控制指标数据两者取严。
（2）系统自动计算"全厂有组织排放总计"与"全厂无组织排放总计"之和，请根据贵单位全厂总量控制指标数据对"全厂合计"

是否需要按月细化：否 *

污染物种类	全厂有组织排放总计（t/a）					全厂无组织排放总计（t/a）					全厂合计（t/a）				
	第一年	第二年	第三年	第四年	第五年	第一年	第二年	第三年	第四年	第五年	第一年	第二年	第三年	第四年	第五年
颗粒物	350	350	350	/	/	/	/	/	/	/	350	350	350	/	/
SO2	/	/	/	/	/	/	/	/	/	/	/	/	/	/	/
NOx	750	750	750	/	/	[illegible]	/	/	/	/	750	750	750	/	/
VOCs	200	200	200	/	/	/	/	/	/	/	200	200	200	/	/
甲醛	87.75	87.75	87.75	/	[illegible]	/	/	/	/	/	87.75	87.75	87.75	/	/

备注信息（说明：若有表格中无法囊括的信息或其他需要备注 [illegible] 实际情况填写在以下文本框中。）

/

图 4-25 大气排放总许可量填报界面

（2）注意事项

①该表总许可量自动生成，注意检查数据是否正确。②企业应将许可排放量的详细核算过程作为附件上传，计算过程简单的直接填写，方便后期环保执法。

4.3.10 水污染物排放信息——排放口填报流程及注意事项

4.3.10.1 废水直接排放口基本情况填报流程及注意事项

（1）填报内容

排放口编号（自动带入）、排放口名称（自动带入）、排水去向（自动带入）、排放规律（自动带入）、排放口地理位置、受纳自然水体信息、汇入受纳自然水体处地理坐标等（图 4-26）。

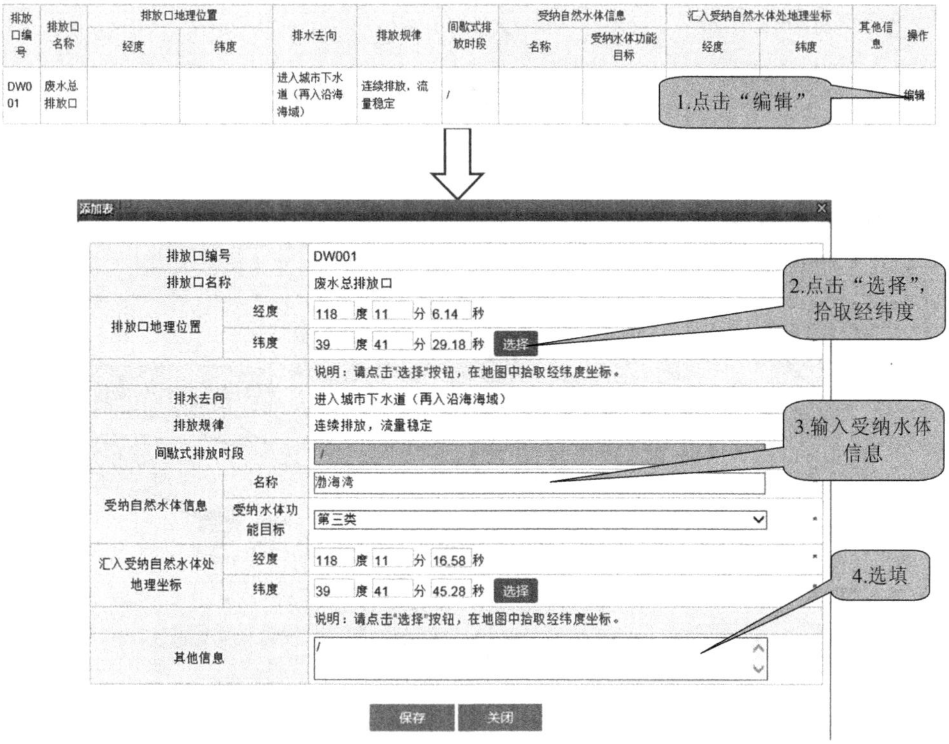

图 4-26　废水直接排放口信息填报界面

（2）注意事项

①排放口及汇入受纳自然水体地理坐标参考前文的填报方法。②“受纳自然水体功能目标”应根据各地的水功能区划进行确定。

4.3.10.2　废水间接排放口基本情况填报流程及注意事项

（1）填报内容

排放口编号（自动带入）、排放口名称（自动带入）、排放去向（自动带入）、排放规律（自动带入）、间歇排放时段、排放口地理坐标、受纳污水处理厂信息等（图 4-27）。

（2）注意事项

①选填“污染物种类”时应选填排入受纳污水处理厂的所有污染因子。②选填“国家或地方污染物排放标准浓度限值”时应填报污水处理厂外排浓度限值。

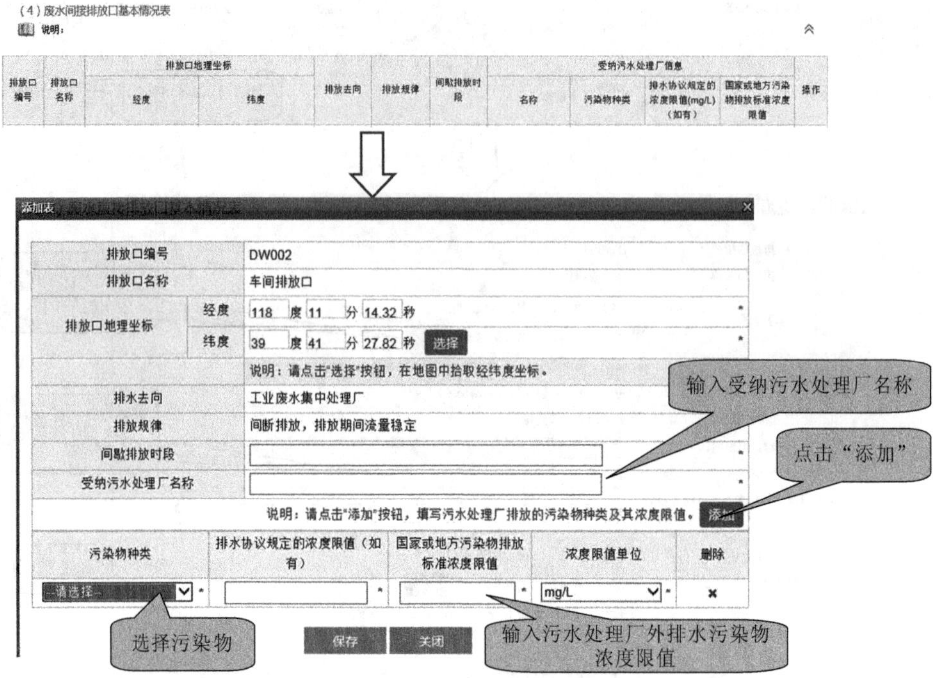

图 4-27　废水间接排放信息填报界面

4.3.10.3　废水污染物排放执行标准填报流程及注意事项

（1）填报内容

排放口编号（自动带入）、排放口名称（自动带入）、污染物种类（自动带入）、国家或地方污染物排放标准、排水协议规定的浓度限值、环境影响评价审批意见要求、承诺更加严格排放限值等。按照图 4-28 中步骤完成该表的填报，其他污染物参考此步骤填报，同类污染物可采用复制法填报。

（2）注意事项

①针对执行标准的选择，填报时应先确定有无更严格的地方标准，若有，从其规定。②根据选填的执行标准确定“浓度限值”。③若有地方标准而选填时缺少该标准，应与地方生态环境管理部门联系添加。

图 4-28　废水污染物排放标准填报界面

4.3.11 水污染物排放信息——申请排放信息填报流程及注意事项

根据《技术规范》，人造板工业废水排放口为一般排放口，原则上仅许可排放浓度，不许可排放量，因此“申请排放信息”栏均填报“/”。核发部门有总量控制要求的从其规定（此处不再说明，具体原则参考废气填报）。

4.3.12 环境管理要求——自行监测要求填报流程及注意事项

4.3.12.1 自行监测要求

（1）填报内容

排放口编号（自动带入）、监测内容、污染物名称（自动带入）、监测设施相关信息、手工监测采样方法及个数、手工监测频次、手工测定方法以及其他信息等（图 4-29）。

该处基本上都是选填项，仅需手工填报自动监测仪器名称、自动监测设施安装位置信息，企业根据实际情况选择填报即可。

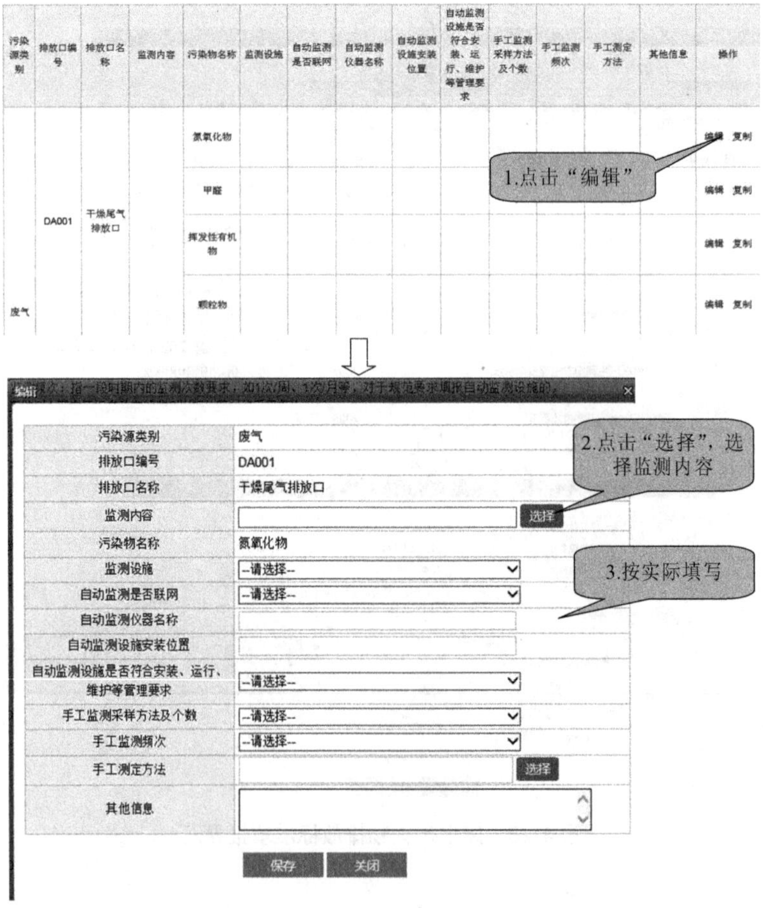

图 4-29 自行监测要求填报界面

（2）注意事项

①监测内容为为监测污染物浓度而需要监测的各类参数，干燥工段废气监测内容为“氧含量、烟气温度、烟气流速、烟气压力、湿度”；其他废气排放口监测内容为“烟气温度、烟气流速、烟气压力、湿度”；废水监测内容为“流量、水温”。②按照《技术规范》表 11 的要求，主要排放口的氮氧化物、颗粒物、VOCs 要求采用自动监测，选择自动监测时需填报自动监测相关信息，同时也需填报手工监测内容，手工监测频次为“每天不少于 4 次，间隔不超过 6 h”，在“其他信息”中备注“在线监测发生故障时”。③同一污染物的自行监测信息可通过复制法完成填报，监测内容、频次等不一致的应进行调整；④对于采用手工监测方法的，手工监测频次应不低于《技术规范》表 11 及表 13 的规定。

4.3.12.2 其他自行监测及记录信息填报

（1）填报内容

污染源类别、编号、监测内容、污染物名称、监测设施、自动监测相关信息、手工监测相关信息等。

（2）注意事项

①人造板工业排污单位应在该表填报废气厂界无组织的自行监测。②无组织废气排放口监测内容为“温度、湿度、气压、风速”；手工监测频次不低于《技术规范》表 12 的规定。

4.3.13 环境管理要求——环境管理台账记录要求填报流程及注意事项

（1）填报内容

设施类别、记录内容、记录频次、记录形式等信息。具体内容应按照《技术规范》8.1 章节的要求填报（图 4-30）。

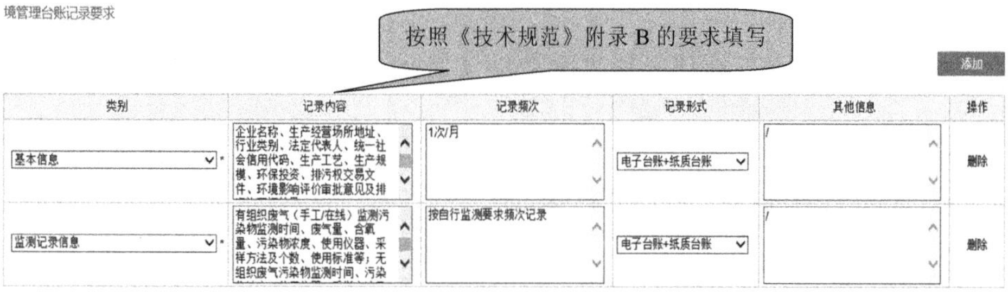

图 4-30 环境管理台账记录内容填报界面

（2）注意事项

①设施类别一定依照《技术规范》填报。生产设施应填报基本信息和运行管理信息。污染治理设施信息应填报基本信息和运行管理信息。还应填报监测记录信息和其他环境管理信息。②因《技术规范》中对各类环保设施的运行台账记录频次不同，填报时应根据记录频次要求分类填报，填报的记录内容和记录频次不得低于《技术规范》要求。③记录形式应选择“电子台账+纸质台账”并备注“台账保存期限不少于三年”。

4.3.14 地方生态环境部门依法增加的内容填报流程及注意事项

（1）填报内容

有核发权的地方生态环境部门增加的管理内容和改正措施（如需，此处不做流程介绍）（图 4-31）。

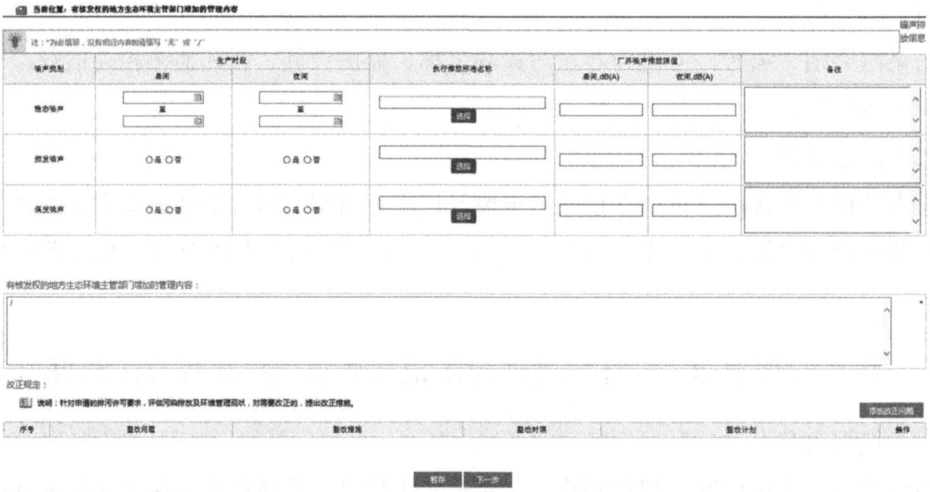

图 4-31　地方生态环境部门依法增加的内容填报界面

（2）注意事项

该表是由生态环境主管部门根据企业的实际情况和填报情况进一步提出的管理要求。

4.3.15 相关附件填报流程及注意事项

（1）填报内容

守法承诺书（必填）、排污许可证申领信息公开情况说明表（必填），其余信息根据企业实际情况填报（文件上传流程参考前面步骤，此处不再介绍）（图 4-32）。

当前位置：相关附件

注：*为必填项，请上传doc;docx;xls;xlsx;pdf;zip;rar;jpg;png;gif;bmp;dwg;格式的文件,文件最大为1000MB

必传文件	文件类型名称	上传文件名称	操作
*	守法承诺书（需法人签字）		点击上传
	符合建设项目环境影响评价程序的相关文件或证明材料		点击上传
*	排污许可证申领信息公开情况说明表		点击上传
	通过排污权交易获取排污权指标的证明材料		点击上传
	城镇污水集中处理设施应提供纳污范围、管网布置、排放去向等材料		点击上传
	排污口和监测孔规范化设置情况说明材料		点击上传
	达标证明材料（说明：包括环评、监测数据证明、工程数据证明等。）		点击上传
	生产工艺流程图	纤维板工艺流程.jpg　删除	点击上传
	生产厂区总平面布置图	雨水污水平面图.jpg　删除	点击上传
	监测点位示意图	排放口.jpg　删除	点击上传
	申请年排放量限值计算过程		点击上传
	自行监测相关材料		点击上传
	地方规定排污许可证申请表文件		点击上传
	其他		点击上传

下一步

图 4-32　相关附件上传界面

（2）注意事项

守法承诺书（图 4-33）、排污许可证申领信息公开情况说明表为必上传项，同时法人代表或主要负责人必须签字、单位盖章，建议将环评批复、申请年许可排放量计算过程等附件也上传，方便核发部门核发。

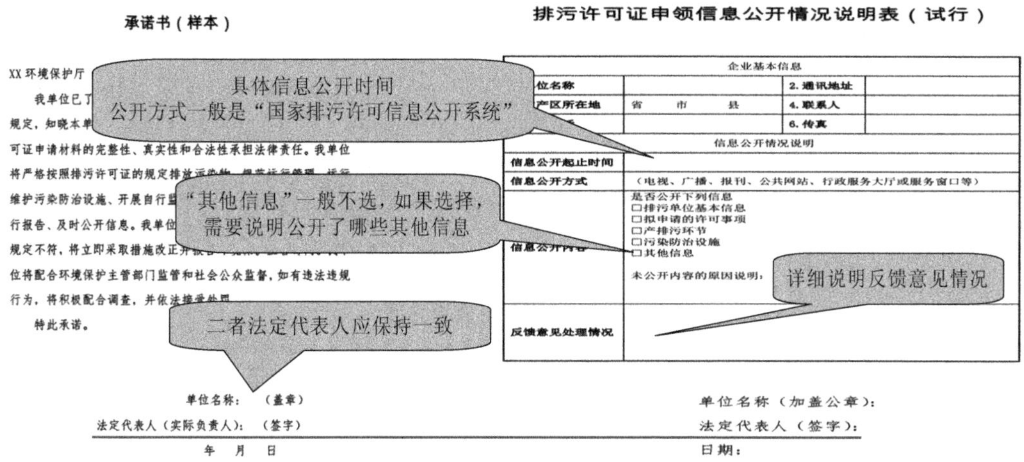

图 4-33　承诺书填报内容界面

①承诺书中法定代表人或主要负责人应签字。②排污许可证信息公开情况说明表中，原则上必须选择公开“排污单位基本信息、拟申请的许可事项、产排污环节、污染防治设施”，否则应填写未公开内容的原因说明；“其他信息”为选择项，若选，则应填写相关的公开信息。③联系人、联系电话为“基本信息表”中技术负责人及其联系电话。④“公开方式”应明确公开的方式（若为网络公开，还应附上网络地址）。⑤“反馈意见处理情

况”处不能为空，即使无反馈意见也要据实填报说明。⑥简化管理的人造板工业排污单位可不进行信息公开，但是也应填报不进行信息公开的情况说明并且法定代表人或主要负责人必须签字。

4.3.16 许可证变更流程

许可证变更时首先点击“许可证变更”（图 4-34），然后按照实际情况进行变更填报，具体填报内容同 4.3.2 节至 4.3.15 节。

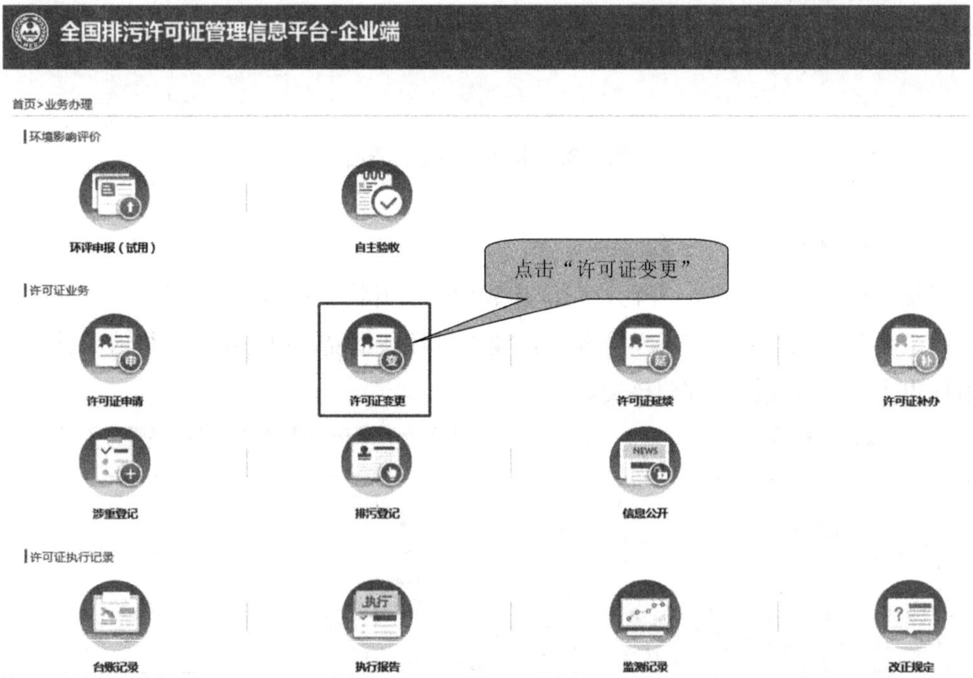

图 4-34　许可证变更界面

5 人造板工业排污许可证核发审核要点及典型案例分析

5.1 申报材料的审核要点

5.1.1 审核总体要求

①企业各项申请材料和生态环境部门补充信息应完整、规范。

②复审时，除应关注是否按照前版审核意见修改外，还需注意是否出现新问题。

5.1.2 申报材料的完整性审核

申报材料应包括：

①排污许可证申请表。

②自行监测方案。

③由排污单位法定代表人或者主要负责人签字或者盖章的承诺书。

④排污单位有关排污口规范化的情况说明。

⑤建设项目环境影响评价文件审批文号，或者按照有关国家规定经地方人民政府依法处理、整顿规范并符合要求的相关证明材料。

⑥申请前信息公开情况说明表，需要注意，仅实施排污许可重点管理的排污单位需要提交。

⑦与污染物排放总量控制相关的环评批复、总量许可、现有排污许可证、排污权交易等材料。

⑧附图、附件等材料，其中附图应包括生产工艺流程图和平面布置图。

⑨排污许可证副本（仅办理排污许可证变更或延续的单位需要提交）。

⑩其他需要说明的材料。

此外，主要生产设施、主要产品产能等登记事项中涉及商业秘密的，排污单位应当进行标注。

明确不予核发排污许可证的情形：

对存在下列情形之一的，负责核发的生态环境部门不予核发排污许可证：

①位于法律法规规定禁止建设区域内的。

②属于国务院经济综合宏观调控部门会同国务院有关部门发布的产业政策目录中明令淘汰或者立即淘汰的落后生产工艺装备、落后产品的。

③法律法规规定不予许可的其他情形。

5.1.3 申报材料规范性审核

5.1.3.1 申请前信息公开

①实行重点管理的排污单位需要在申请前信息公开，实行简化管理的排污单位可不进行申请前信息公开。

②申请前信息公开时间应不少于 5 个工作日。

③信息公开内容包括承诺书、基本信息以及拟申请的许可事项。承诺书应在全国排污许可信息平台下载最新版本，不得对内容进行删减。

④信息公开方式应选择全国排污许可证管理信息平台。

⑤信息公开情况说明表应填写完整，包括信息公开的具体起止日期。有法定代表人的排污单位，应由法定代表人签字，且应与排污许可证申请表、承诺书等保持一致。没有法定代表人的排污单位，如个体工商户、私营企业者等，可由主要负责人签字。对于集团公司下属不具备法定代表人资格的独立分公司，也可由主要负责人签字。

⑥排污单位应如实填写申请前信息公开期间收到的意见并逐条答复。没有收到意见的，填写“无”，不可不填。

5.1.3.2 排污许可证申请表核查

（1）封面

①单位名称、注册地址需与统一社会信用代码证中一致。

②行业类别选择胶合板制造（国民经济代码 C2021）、纤维板制造（国民经济代码 C2022）、刨花板制造（国民经济代码 C2023）、其他人造板制造（国民经济代码 C2029）。

③生产经营场所地址应填写排污单位实际地址。

④没有组织机构代码的，可不填写。

⑤法定代表人与承诺书、申请前信息公开情况说明表保持一致。

⑥电子版与纸质版申请表的条形码应保持一致。

（2）表 1 排污单位基本信息表

①分期投运的，投产日期以先期投运时间为准。

②填写大气重点控制区域的，应结合生态环境部相关公告文件，核实是否执行特别排放限值。目前相关公告文件主要包括：《打赢蓝天保卫战三年行动计划》（国发〔2018〕22 号）、《关于执行大气污染物特别排放限值的公告》（环境保护部公告 2013 年第 14 号）、《关于执行大气污染物特别排放限值有关问题的复函》（环办大气函〔2016〕1087 号）以及《关于京津冀大气污染传输通道城市执行大气污染物特别排放限值的公告》（环境保护部公告 2018 年第 9 号）。

③填写总磷、总氮控制区的，应结合《“十三五”生态环境保护规划》及生态环境部正式发布的相关文件，核实是否填报正确。

④应如实填写是否位于工业园区及工业园区名称。

⑤原则上，排污单位应具备环评批复或者地方政府对违规项目的认定或备案文件，如两者全无，应核实排污单位具体情况，填写申请书中“七、改正措施”。对于法律法规要求建设项目开展环境影响评价［1998 年 11 月 29 日《建设项目环境保护管理条例》（国务院令 第 253 号）］之前已经建成且之后未实施改、扩建的排污单位，可不要求。

⑥排污许可证管理类别按《固定污染源排污许可分类管理名录（2019 年版）》划分，如表 5-1 所示。

表 5-1 排污许可证管理类别

行业类别	重点管理	简化管理	登记管理
人造板制造 202	纳入重点排污单位名录的	除重点管理以外的胶合板制造 2021（年产 10 万 m^3 及以上的）、纤维板制造 2022、刨花板制造 2023、其他人造板制造 2029（年产 10 万 m^3 及以上的）	其他

（3）表 2-产品及产能信息表

①胶合板制造、纤维板制造、刨花板制造、其他人造板制造的生产线类型、主要生产单元、生产工艺及生产设施由排污单位根据自身情况全面申报。审核中应注意以下五点：一是不要遗漏必填的生产设施；二是各生产设施是否正确归类；三是有多个生产线/生产设施的，应分别编号填报，不应采取备注数量的方式；四是生产多种产品的同一生产设施只填报一次，在“产品名称”中注明产品情况；五是设施参数名称及计量单位严格按规范填写。

②生产能力及生产时间为主要产品设计产能及时间，并标明计量单位。生产能力不包括国家或地方政府予以淘汰或取缔的产能。

③主要生产单元包括主体工程、公用工程，主要生产单元为必填项，其中锅炉按其技术规范要求填报，核对企业是否填报完整。

（4）表 3-主要原辅材料及燃料信息表

主要原辅材料应按《技术规范》填写完整。设计年使用量为与年生产能力相匹配的原辅材料及燃料年使用量。

原辅材料中有毒有害成分及占比中，胶黏剂、固化剂、缓冲剂、防水剂等的固体含量、挥发性有机物含量和密度为必填项。胶黏剂的密度、含水率以及扣除水分后挥发性有机物的含量可参照检测报告填报。

燃料信息应如实填报。无相关成分（如有毒有害成分）的填“/”。

（5）表 4-废气产排污节点、污染物及污染治理设施信息表

①有组织排放的产排污环节必须填写，并应按《技术规范》填写完整。核实废气排放口类型填写是否准确。重点管理排污单位的纤维干燥废气、刨花干燥废气为主要排放口；热压废气不采用焚烧方式的为一般排放口；铺装、砂光、锯切、分选等其他工段风送除尘系统若为负压输送，废气排放口为一般排放口，若为正压输送，纳入无组织排放管理。胶合板及其他人造板生产干燥、热压、锯切和砂光工段的废气为一般排放口。

②纤维板生产干燥废气污染物为氮氧化物、颗粒物、VOCs、甲醛；刨花板生产干燥废气污染物为氮氧化物、颗粒物、VOCs。

③有组织排放应填报污染治理设施相关信息，包括编号、名称和工艺，对照《技术规范》附录 A 判断污染防治技术是否为可行技术。对于未采用推荐的最佳可行技术的，应填写“否”。新建、改建、扩建建设项目排污单位采用环境影响评价审批意见要求的污染治理技术的，应在“污染治理设施其他信息”中注明为“环评审批要求技术”。既未采用可行技术，新建、改建、扩建项目也未采用环评审批要求技术的，应提供相关证明材料。确无污染治理设施的，相关信息填“/”。采用的污染治理设施或措施不能达到许可排放浓度要求的排污单位，应在“其他信息”中备注“待改”，并填写“七、改正措施”。

④应按照《技术规范》的要求，填报排污单位所有无组织排放环节。填报无组织排放的，污染治理设施编号、名称、工艺和是否为可行技术均填“/”。《技术规范》中列为有组织排放，而排污单位仍为无组织排放的，申报时按无组织排放填写，在“其他信息”中注明“待改”，并填写“七、改正措施”，涉及补充或变更环评的，也应体现在改正措施中。

（6）表 5-废水类别污染物及污染治理设施信息表

①废水排放口包括废水总排放口和单独排向城镇污水集中处理设施的生活污水排放口，均为一般排放口。

②注意合理区分排放去向和排放方式。间接排放时，排放口按排出排污单位厂界的排放口进行填报，而不是下游污水集中处理设施的排放口。

③应填报污染治理设施相关信息，包括编号、名称和工艺，并判断是否为可行技术。对于未采用《技术规范》中推荐的最佳可行技术的，应填写“否”。新建、改建、扩建建设

项目排污单位采用环境影响评价审批意见要求的污染治理技术的，应在“污染治理设施其他信息”中注明为“环评审批要求技术”。既未采用可行技术，新建、改建、扩建项目也未采用环评审批要求技术的，应提供相关证明材料（如已有监测数据，对于国内外首次采用的污染治理技术，还应当提供中试数据等说明材料），证明可达到与污染防治可行技术相当的处理能力。确无污染治理设施的，相关信息填“/”。采用的污染治理设施或措施不能达到许可排放浓度要求的排污单位，应在“其他信息”中备注“待改”，并填写“七、改正措施”。

（7）表 6-大气排放口基本情况表

排放口编号、名称以及排放污染物信息应与表 4 保持一致。排气筒高度应满足该排放口执行排放标准中的相关要求。若不满足，排污单位应进行说明，承诺改正措施及改正期限。

（8）表 7-废气污染物排放执行标准表

①执行国家污染物排放标准的，污染因子种类等应符合技术规范要求，注意标准名称及限值填写的准确性；执行排放标准中如有排放速率要求的，不要漏填。

②地方有更严格排放标准的，应填报地方标准。

③若执行不同许可排放浓度的多台生产设施或排放口采用混合方式排放废气，且选择的监控位置只能监测混合废气中的大气污染物浓度，则应执行各许可排放限值要求中最严格的限值。

④环评批复要求和承诺更加严格排放限值的，应填报数值+单位，不应填报文字。

（9）表 8-大气污染物有组织排放表

①排放口编号、名称和污染物种类应与表 4、表 7 保持一致。

②审核主要排放口是否完整填写大气污染物许可排放浓度以及许可排放量；一般排放口是否完整填写大气污染物许可排放浓度。

③审核排污单位申请的许可排放量限值计算过程是否清晰，计算结果是否准确。主要排放口许可量确定的原则：对于新增污染源（2015 年 1 月 1 日起投产），按总量控制指标、规范计算结果及环评文件要求中从严确定许可排放量；对于现有排放源（2015 年 1 月 1 日前投产），按总量控制指标、规范计算结果中从严确定许可排放量。计算方法、公式、参数选取来源以及许可量取严过程应描述清晰，计算结果准确无误，最终计算结果与申请的许可排放量一致。

④特殊时段许可排放量限值填写是否正确。

（10）表 9-大气污染物无组织排放表

①无组织排放无须申请许可排放量，填“/”。

②无组织排放必须对应厂界和生产设施编号填写，生产设施编号应与表 4（如填写无组织排放）保持一致。注意填报无组织产污环节、污染物种类、主要污染防治措施、执

行排放标准等信息。

③在“其他信息”一列，可填写排放标准浓度限值对应的监测点位，如“厂界”。

（11）表 10-大气排放总许可量表

废气总许可量按各主要排放口许可排放量之和填写。核实表 8 和表 9 中“全厂合计”是否为主要排放口年许可排放量之和、大气污染物排放总许可量数据是否为取严数据。

（12）表 11-废水直接排放口基本信息表

①如排污单位废水为直接排放，则填写此表。排放口编号、排放口名称、排放去向、排放规律等信息应与表 5 保持一致。

②废水直接排放时应填写各排放口对应的入河排污口名称、编号以及批复文号等相关信息。

（13）表 12-废水间接排放口基本信息表

①如排污单位废水为间接排放，则填写此表。排放口编号、排放口名称、排放去向、排放规律等信息应与表 5 保持一致。

②需准确填报受纳污水处理厂相关信息，包括其名称、污染物种类和执行排放标准中的浓度限值。注意填报的是受纳污水处理厂的排放控制污染物种类和浓度限值，不是排污单位的排放控制要求。

（14）表 13-废水污染物排放执行标准表

执行国家水污染物排放标准的，污染因子种类等应符合技术规范要求，注意标准名称及限值填写的准确性。地方有更严格排放标准的，应填报地方标准。

（15）表 14-废水污染物排放表

①排放口名称、编号、类型和污染物种类应与表 5 保持一致。

②水污染物排放浓度限值应按表 13 从严确定。

③对于水污染物，无须申请许可排放量，填“/”。

（16）表 15-自行监测及记录信息表

①排放口编号、排放口名称和监测的污染物种类应与表 8、表 9、表 14 保持一致。

②废气有组织排放“监测内容”填写“排气量、排气流速、排气温度、排气压力、含氧量、排气筒截面积”等；废气无组织排放“监测内容”填写“风向、风速、气温、气压”等，见 HJ/T 55 和执行排放标准中的要求。

③废气、废水监测频次不得低于技术规范的要求。开展自动监测的，应填报自动监测设备出现故障时的手工监测相关信息，并在其他信息中填写“自动监测设备出现故障时开展手工监测”。手工监测方法应优先选用执行排放标准中规定的方法。

④监测质量保证与质量控制要求应符合 HJ 819、HJ/T 373 中相关规定，建立质量体系，包括监测机构、人员、仪器设备、监测活动质量控制与质量保证等，使用标准物质、

空白试验、平行样测定、加标回收率测定等质控方法。委托第三方检（监）测机构开展自行监测的，不用建立监测质量体系，但应对其资质进行确认。

⑤监测数据记录、整理和存档要求应符合《技术规范》和 HJ 819 的相关规定。

（17）表 16-环境管理台账信息表

①应按照《技术规范》要求填报环境管理台账记录内容，不要有漏项。

②记录频次应严格按照《技术规范》要求。记录形式应按照电子台账和纸质台账同时管理，保存期限不少于三年。

③注意区分重点管理与简化管理单位的差异。

（18）排污权使用和交易信息

如发生排污权交易，需要载明；如未发生交易，无须载明。

（19）有核发权的地方生态环境主管部门增加的管理内容

由地方生态环境主管部门按要求填写。

（20）改正措施

有需改正的问题的，应在此处明确时限要求及改正措施，改正时限不得超过一年。

（21）附图

①工艺流程图与总平面布置图要清晰可见、图例明确，且不存在上下左右颠倒的情况。

②工艺流程图应包括主要生产设施（设备）、生产工艺流程等内容。

③平面布置图应包括主体设施、公辅设施、全厂污水处理站等内容，同时注明厂区雨、污水流向及排放口位置。

（22）附件

应提供承诺书、申请前信息公开情况说明表及其他必要的说明材料，如燃料信息证明材料、未采用可行技术但具备达标排放能力的说明材料、许可排放量计算说明书等。

5.1.3.3 生态环境部门审核意见及排污许可证副本

①执行报告信息表核发要点：应按技术规范填写执行报告内容、频次等要求；原则上人造板行业仅要求上报年度、季度执行报告。其中，季度或月执行报告应至少包括全年报告中的实际排放报表、达标判定分析说明及“治污设施异常情况汇总表”。

②信息公开表核发要点：应按照《企业事业单位环境信息公开办法》《排污许可管理办法（试行）》等管理要求，填报信息公开方式、时间、内容等信息。

③其他控制及管理要求：生态环境部门可将对排污单位现行废气、废水管理要求，以及法律法规、技术规范中明确的污染防治设施运行维护管理要求写入“其他环境管理要求”部分。

④改正规定：对于污染治理设施不满足人造板工业排污许可申请与核发规范要求的，可将整改要求写入“整改措施”中并限定整改时限。

5.2 审核典型案例分析

5.2.1 某纤维板企业排污单位基本介绍

5.2.1.1 基本情况

某人造板企业位于河北省唐山市某区，拥有一条年产 30 万 m^3 纤维板生产线，在当地属重点排污单位。

> 审核注意要点：
>
> 该企业位于“河北省唐山市某区”，属于大气重点控制区，重点关注该企业是否执行当地特别排放限值。

5.2.1.2 主要生产工艺流程

纤维板主要生产工艺包括木片生产与分选净化、纤维制备、调胶与施胶、纤维干燥、铺装与热压、毛板加工、砂光与裁板等（图 5-1）。具体为：

①木片生产与分选净化包括对原料进行削片、筛选。

②纤维制备包括对木片进行水洗、热磨，对纤维进行干燥、分选。

③调胶与施胶包括胶液计量、辅料制备与计量、辅料添加与输送、施胶。

④铺装与热压包括纤维贮存、纤维铺装成型、预压、热压等。

⑤毛板加工包括毛板监测、冷却、锯切等。

⑥砂光与裁板包括对毛板进行砂光、裁板、检验、分等、垛板、贮存等。

⑦公用工程包括热能中心供热、泵房供水；纤维板生产的污水需送至厂区内污水处理站处理。

> 审核注意要点：
>
> 1. 该企业生产包含《技术规范》中要求的所有生产单元，重点审核该企业是否填报全面。
>
> 2. 该企业干燥排放口为主要排放口，重点关注干燥工段设施参数是否填报全面。

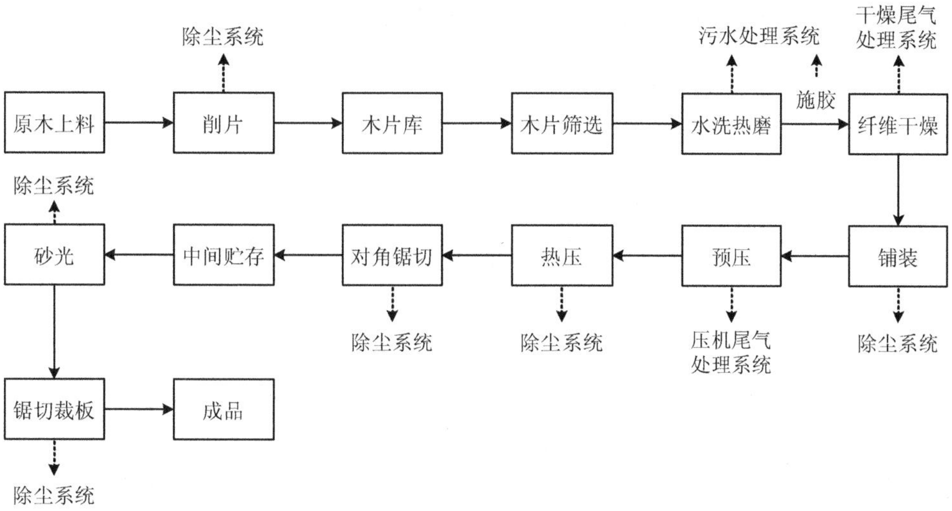

图 5-1 纤维板制造生产工艺示意

5.2.1.3 环保批复取得情况

该企业于 2018 年取得环评批复。

> 审核注意要点：
>
> 该企业于 2018 年投产，对于 2015 年 1 月 1 日起投产的新增污染源，在污染因子、环境监测、许可排放量等方面应考虑环评文件的要求。

5.2.1.4 环保设备配置情况

①有组织废气：企业现有 5 套旋风分离器、4 套袋式除尘器、3 套旋风袋式除尘器，热能中心自带 SNCR 脱销系统，所有有组织排放口安装手动监测平台，主要排放口安装在线监测设备。

②无组织废气：粉状、粒状物料贮存于密封料仓；块状散装物料贮存于半封闭建筑中。厂区道路采用硬化等措施严格控制厂区无组织排放。VOCs 物料密闭输送，涉及工序在密闭环境中进行。

③废水：企业在厂区内自建污水处理站，生产废水处理后回用，其余外排，外排废水应达到排放标准。

5.2.2 排污单位排污许可证申请表审核要点

（1）排污单位基本信息审核要点

表 5-2 排污单位基本信息

单位名称	××××有限公司	注册地址	×××××××
生产经营场所地址	×××××××	邮政编码	××××××
行业类别	纤维板制造	是否投产	是
投产日期	2018-11-11		
生产经营场所中心经度	118°11′6.40″	生产经营场所中心纬度	39°41′30.08″
组织机构代码		统一社会信用代码	××××××××××××××××××
技术负责人	××	联系电话	×××××××××××
所在地是否属于大气重点控制区	是	所在地是否属于总磷控制区	否
所在地是否属于总氮控制区	否	所在地是否属于重金属污染特别排放限值实施区域	是
是否位于工业园区	是	所属工业园区名称	×××××××
是否有环评审批文件	是	环境影响评价审批文件文号或备案编号	省环评〔××××〕×××号
是否有地方政府对违规项目的认定或备案文件	否	认定或备案文件文号	
是否需要改正	否	排污许可证管理类别	重点管理
是否有主要污染物总量分配计划文件	是	总量分配计划文件文号	×环函〔××××〕×××号
氮氧化物总量控制指标（t/a）	750	/	
挥发性有机物总量控制指标（t/a）	200	/	
颗粒物总量控制指标（t/a）	350	/	

审核注意要点：

1. 根据相关文件规定，该企业属于大气重点控制区。

2. 该生产线为新增排放源，在许可排放量、污染因子管控、自行监测等方面要考虑环评文件要求。

3. 总量分配文件为生态环境主管部门给企业下发的正式总量控制文件。该处填报时应结合各总量分配文件从严确定限值，以便与表 10 进行许可限制对比。

（2）主要产品及产能信息审核要点

表 5-3 主要产品及产能信息审核要点

序号	生产线类型	生产线编号	主要生产单元名称	主要工艺名称	生产设施名称	生产设施编号	设施参数				其他设施信息	其他工艺信息
							参数名称	计量单位	设计值	其他设施参数信息		
1	纤维板	SCX001	木片生产工段	剥皮	剥皮机	MF0001	生产能力	m^3/h	60	/	/	/
							功率	kW	110	/		
					剥皮机	MF0002	功率	kW	110	/	/	
							生产能力	m^3/h	60	/		
			木片生产工段	削片	削片机	MF0003	生产能力	m^3/h	60	/	/	/
							功率	kW	110	/		
					削片机	MF0004	功率	kW	110	/	/	
							生产能力	m^3/h	60	/		
			木片生产工段	筛选	木片筛选机	MF0005	生产能力	m^3/h	130	/	/	/
			纤维制备工段	热磨	热磨机	MF0006	功率	kW	37	/	/	/
							生产能力	kg/h	19 000	/		
			纤维制备工段	纤维干燥	纤维干燥机	MF0007	风量	m^3/h	750 000	/	/	/
							生产能力	kg/h	30 000	/		
			纤维制备工段	纤维分选	纤维分选机	MF0008	风量	m^3/h	90 000	/	/	/
							生产能力	kg/h	25 000	/		
					纤维分选机	MF0009	生产能力	kg/h	25 000	/	/	
							风量	m^3/h	90 000	/		
			调（施）胶工段	调拌胶	拌胶机	MF0010	功率	kW	55	/	/	/
							生产能力	t/h	9	/		
			铺装工段	铺装	铺装成型机	MF0011	风量	m^3/h	60 000	/	/	/
							功率	kW	90	/		
			热压工段	预压	预压机	MF0012	工作长度	mm	31 500	/	/	/
							工作宽度	mm	2 500	/		
							功率	kW	132	/		

序号	生产线类型	生产线编号	主要生产单元名称	主要工艺名称	生产设施名称	生产设施编号	设施参数				其他设施信息	其他工艺信息
							参数名称	计量单位	设计值	其他设施参数信息		
1	纤维板	SCX001	热压工段	热压	热压机	MF0013	工作长度	mm	31 500	/	/	/
							功率	kW	200	/		
							工作宽度	mm	2 500	/		
					热压机尾气排放系统（尾部）	MF0014	风量	m^3/h	60 000	/	/	
			锯切工段	齐边	齐边横截锯	MF0015	功率	kW	75	/	/	/
							风量	m^3/h	22 000	/		
			锯切工段	冷却翻板	冷却翻板机	MF0016	功率	kW	15	/	/	/
			砂光工段	砂光	砂光机	MF0017	功率	kW	250	/	/	/
							风量	m^3/h	100 000	/		
			裁板工段	裁板	规格锯	MF0018	功率	kW	75	/	/	/
							风量	m^3/h	30 000	/		
			公共单元	/	热能中心/锅炉	MF0019	额定出力	MW	61	/	/	/
					污水处理站	MF0020	处理量	m^3/h	35	/	/	

审核注意要点：

1. 主要生产单元名称、主要工艺名称、参数名称、计量单位参考《技术规范》表 1 进行审核。

2. 针对多条人造板生产线的，应编号识别。

3. 生产能力应为设计能力，而非实际产能。

（3）主要原辅材料及燃料信息审核要点

表 5-4 主要原辅材料及燃料信息表

序号	种类	名称	年最大使用量	计量单位	固体含量（%）	挥发性有机物含量（%）	密度（g/cm^3）	其他信息
原料及辅料								
1	辅料	固化剂	400	t/a	40	0.35	1.1	/
	辅料	缓冲剂	420	t/a	45	0.4	1.1	/
	辅料	胶黏剂—脲醛树脂	60 000	t/a	50	0.4	1.2	/
	原料	枝丫材	500 000	t/a	20	/	0.5	/

燃料

序号	燃料类型	燃料名称	年最大使用量	计量单位	灰分（%）	硫分（%）	挥发分（%）	低位热值（kJ/kg）	汞（μg/g）	其他信息
1	固体燃料	生物质燃料	72 000	t	2.5	0.02	60	15 070	0	/

审核注意要点：

1. 不仅需要填报生产用原辅材料，重点审查工艺过程添加的辅料及污染防治过程中添加的化学品等，且需完整填报主要信息。

2. 需逐一填报燃料中的成分占比。

（4）废气产排污节点、污染物及污染治理设施信息表审核要点

表 5-5　废气产排污节点、污染物及污染治理设施信息表

序号	主要生产单元	产污设施编号	产污设施名称	对应产污环节名称	污染物种类	排放形式	污染治理设施						有组织排放口名称	有组织排放口编号	排放口设置是否符合要求	排放口类型	其他信息
							污染治理设施编号	污染治理设施名称	污染治理设施工艺	设计处理效率（%）	是否为可行技术	污染治理设施其他信息					
1	纤维制备工段	MF0007	纤维干燥机	纤维干燥工段	甲醛	有组织	TA001	有机废气处理系统	湿法静电除尘	60	是	/	干燥尾气排放口	DA001	是	主要排放口	/
				纤维干燥工段	挥发性有机物	有组织	TA001	有机废气处理系统	湿法静电除尘	98	是	/	干燥尾气排放口	DA001	是	主要排放口	/
				纤维干燥工段	颗粒物	有组织	TA001	有机废气处理系统	湿法静电除尘	98	是	/	干燥尾气排放口	DA001	是	主要排放口	/
				纤维干燥工段	氮氧化物	有组织	TA001	有机废气处理系统	湿法静电除尘	98	是	/	干燥尾气排放口	DA001	是	主要排放口	/
2	锯切工段	MF0015	齐边横截锯	后处理工段	颗粒物	有组织	TA002	除尘系统	布袋除尘	85	是	/	锯切废气排放口	DA002	是	一般排放口	
3	铺装工段	MF0011	铺装成型机	铺装工段	颗粒物	有组织	TA003	除尘系统	旋风分离	85	是	/	铺装废气排放口	DA003	是	一般排放口	
4	砂光工段	MF0017	砂光机	砂光工段	颗粒物	有组织	TA004	除尘系统	布袋除尘	85	是	/	砂光废气排放口	DA004	是	一般排放口	

序号	主要生产单元	产污设施编号	产污设施名称	对应产污环节名称	污染物种类	排放形式	污染治理设施						有组织排放口名称	有组织排放口编号	排放口设置是否符合要求	排放口类型	其他信息
							污染治理设施编号	污染治理设施名称	污染治理设施工艺	设计处理效率（%）	是否为可行技术	污染治理设施其他信息					
5	热压工段	MF0014	热压机尾气排放系统（尾部）	热压尾气	甲醛	有组织	TA005	有机废气处理系统	焚烧	100	是	/		/			/
				热压尾气	挥发性有机物	有组织	TA005	有机废气处理系统	焚烧	100	是	/		/			/
				热压尾气	颗粒物	有组织	TA005	有机废气处理系统	焚烧	99	是	/		/			/
6	木片生产工段	MF0003	削片机	其他	颗粒物	无组织	/					/					/
7	木片生产工段	MF0004	削片机	其他	颗粒物	无组织	/					/					/
8	纤维制备工段	MF0008	纤维分选机	纤维制备工段	颗粒物	无组织	/					/					/
9	纤维制备工段	MF0009	纤维分选机	纤维制备工段	颗粒物	无组织	/					/					/
10	调（施）胶工段	MF0010	拌胶机	调（施）胶废气	甲醛	无组织	/					/					/
				调（施）胶废气	挥发性有机物	无组织	/					/					/
11	裁板工段	MF0018	规格锯	砂光工段	颗粒物	无组织	/					/					/

审核注意要点：

1. 该企业属于重点排污单位，干燥尾气排放口为主要排放口，其他排放口均为一般排放口。

2. 该表仅填报有组织排放源相关信息，针对无组织排放源仅填报排放产污设施名称、排放环节名称及污染物种类。

3. 该生产线为新增排放源，在许可排放量、污染因子管控、自行监测等方面要考虑环评文件要求。

4. 总量分配文件为生态环境主管部门给企业下发的正式总量控制文件。该处填报时应结合各总量分配文件从严确定限值，以便于表 10 进行许可限制对比。

5. 根据《技术规范》附录 A，光氧催化不属于可行性技术。若该企业确实采用了非可行性技术，应提供相关材料证明其具备与可行性技术同等的治污能力。

（5）废水类别、污染物及污染治理设施信息表审核要点

表 5-6 废水类别、污染物及污染治理设施信息表

序号	废水类别	污染物种类	污染治理设施						排放去向	排放方式	排放规律	排放口编号	排放口名称	排放口设置是否符合要求	排放口类型	其他信息
			污染治理设施编号	污染治理设施名称	污染治理设施工艺	设计处理水量（t/h）	是否为可行技术	污染治理设施其他信息								
1	综合废水-生产废水，综合废水-生活污水	化学需氧量，甲醛，五日生化需氧量，pH，色度，氨氮（NH_3-N），总氮（以N计），总磷（以P计）	TW001	综合废水-生产废水处理系统，综合废水-生活污水处理系统	一级处理（固液分离、混凝、沉淀、气浮）+二级处理［水解酸化、厌氧生物法（UASB、IEHC、IC等）、好氧生物法（SBR等）］+深度处理（混凝、沉淀、高级氧化、曝气生物滤池、砂滤、炭滤、膜分离、蒸发结晶）、其他	35	是	/	进入城市下水道（再入沿海海域）	直接排放	连续排放，流量稳定	DW001	废水总排放口	是	一般排放口-总排口	/

审核注意要点：

1. 该企业废水污染因子的选填漏选了悬浮物。

2. “污染治理设施名称”选填有误，填写内容属于治理设施的组成部分。

（6）废气污染物排放执行标准表审查要点

表 5-7 废气污染物排放执行标准表

序号	排放口编号	排放口名称	污染物种类	国家或地方污染物排放标准			环境影响评价批复要求	承诺更加严格排放限值	其他信息
				名称	浓度限值	速率限值（kg/h）			
1	DA001	干燥尾气排放口	氮氧化物	《大气污染物综合排放标准》（GB 16297—1996）	240 mg/Nm^3	7.5	240 mg/Nm^3	/mg/Nm^3	/
2	DA001	干燥尾气排放口	甲醛	《工业企业挥发性有机物排放控制标准》（DB13/2322—2016）	5 mg/Nm^3	/	5 mg/Nm^3	/mg/Nm^3	/
3	DA001	干燥尾气排放口	颗粒物	《大气污染物综合排放标准》（GB 16297—1996）	120 mg/Nm^3	39	120 mg/Nm^3	/mg/Nm^3	/
4	DA001	干燥尾气排放口	挥发性有机物	《大气污染物综合排放标准》（GB 16297—1996）	60 mg/Nm^3	/	60 mg/Nm^3	/mg/Nm^3	/
5	DA002	锯切废气排放口	颗粒物	《大气污染物综合排放标准》（GB 16297—1996）	120 mg/Nm^3	5.9	120 mg/Nm^3	/mg/Nm^3	/
6	DA003	铺装废气排放口	颗粒物	《大气污染物综合排放标准》（GB 16297—1996）	120 mg/Nm^3	5.9	120 mg/Nm^3	/mg/Nm^3	/
7	DA004	砂光废气排放口	颗粒物	《大气污染物综合排放标准》（GB 16297—1996）	120 mg/Nm^3	5.9	120 mg/Nm^3	/mg/Nm^3	/

审核注意要点：

1. 原则上人造板企业排污单位许可颗粒物、甲醛、氮氧化物、VOCs，地方有其他要求的在表 1 增加，在此自动生成。河北省唐山市无其他污染物因子管控要求，而企业由于表 1 填报了二氧化硫污染因子，导致此表误出现该指标。

2. 该企业属于河北省唐山市，排污单位的挥发性有机物执行《工业企业挥发性有机物排放控制标准》（DB 13/2322—2016），而非《大气污染物综合排放标准》（GB 16297—1996），该企业干燥尾气排放口执行的污染物排放标准错误。

（7）大气污染物有组织排放表审查要点

表 5-8　大气污染物有组织排放表

序号	排放口编号	排放口名称	污染物种类	申请许可排放浓度限值	申请许可排放速率限值（kg/h）	申请年许可排放量限值（t/a）					申请特殊排放浓度限值	申请特殊时段许可排放量限值
						第一年	第二年	第三年	第四年	第五年		
主要排放口												
1	DA001	干燥尾气排放口	颗粒物	120 mg/Nm^3	39	350	350	350	/	/	/mg/Nm^3	/
2	DA001	干燥尾气排放口	挥发性有机物	60 mg/Nm^3	/	200	200	200	/	/	/mg/Nm^3	/
3	DA001	干燥尾气排放口	氮氧化物	240 mg/Nm^3	7.5	750	750	750	/	/	/mg/Nm^3	/
4	DA001	干燥尾气排放口	甲醛	5 mg/Nm^3	/	17.55	17.55	17.55	/	/	/mg/Nm^3	/
主要排放口合计		颗粒物				350	350	350	/	/	/	/
		SO_2				/	/	/	/	/	/	/
		NO_x				750	750	750	/	/	/	/
		VOCs				200	200	200	/	/	/	/
		甲醛				17.550 000	17.550 000	17.550 000	/	/	/	/

序号	排放口编号	排放口名称	污染物种类	申请许可排放浓度限值	申请许可排放速率限值（kg/h）	申请年许可排放量限值（t/a）					申请特殊排放浓度限值	申请特殊时段许可排放量限值
						第一年	第二年	第三年	第四年	第五年		
一般排放口												
1	DA002	锯切废气排放口	颗粒物	120 mg/Nm^3	5.9	/	/	/	/	/	/mg/Nm^3	/
2	DA003	铺装废气排放口	颗粒物	120 mg/Nm^3	5.9	/	/	/	/	/	/mg/Nm^3	/
3	DA004	砂光废气排放口	颗粒物	120 mg/Nm^3	5.9	/	/	/	/	/	/mg/Nm^3	/
一般排放口合计			颗粒物			/	/	/	/	/	/	/
			SO_2			/	/	/	/	/	/	/
			NO_x			/	/	/	/	/	/	/
			VOCs			/	/	/	/	/	/	/
			甲醛			/	/	/	/	/	/	/
全厂有组织排放总计												
全厂有组织排放总计			颗粒物			350	350	350	/	/	/	/
			SO_2			/	/	/	/	/	/	/
			NO_x			750	750	750	/	/	/	/
			VOCs			200	200	200	/	/	/	/
			甲醛			17.55	17.55	17.55	/	/	/	/

注：申请年排放量限值计算过程：（包括方法、公式、参数选取过程，以及计算结果的描述等内容）

1. 排放浓度 $C_{i,j}$ 取值

颗粒物、氮氧化物执行《大气污染物综合排放标准》，VOCs 执行《工业企业挥发性有机物排放控制标准》，所以颗粒物许可排放浓度限值取值为 120 mg/Nm^3，氮氧化物许可排放浓度限值取值为 240 mg/Nm^3，VOCs 许可排放浓度限值取值为 60 mg/Nm^3，甲醛许可排放浓度限值取值为 5 mg/Nm^3。

2. 纤维板产品密度为 780 kg/m^3，采用《技术规范》公式 3 计算，即：Q/MDF=（12 750×780）/850=11 700 Nm^3/m^{3}产品，其基准排气量 Q_i 取值为 11 700 Nm^3/m^{3}产品。

3. 计算许可排放量

$E_{j\text{主要排放口颗粒物}}$=120×11 700 ×300 000×10^{-9}=421.2 t/a；

$E_{j\text{主要排放口氮氧化物}}$=240 ×11 700 ×300 000×10^{-9}=842.4 t/a；

$E_{j\text{主要排放口VOCs}}$=60 ×11 700 ×300 000×10^{-9}=210.6 t/a；

$E_{j\text{主要排放口甲醛}}$=5 ×11 700 ×300 000×10^{-9}=17.55 t/a。

4. 总量分配计划文件“×环函〔××××〕×××号”规定：颗粒物许可排放量为 350 t/a，氮氧化物许可排放量为 750 t/a，VOCs 许可排放量为 200 t/a。

5. 环境影响评价审批文件文号“省环评〔××××〕×××号”规定：颗粒物许可排放量为 400 t/a，氮氧化物许可排放量为 800 t/a，VOCs 许可排放量为 200 t/a。

6. 许可排放量限值以计算值、总量分配计划文件及环境影响评价审批文件三者取严，为：

$E_{j\text{主要排放口颗粒物}}$=350 t/a；

$E_{j\text{主要排放口氮氧化物}}$=750 t/a；

$E_{j\text{主要排放口VOCs}}$=200 t/a；

$E_{j\text{主要排放口甲醛}}$=17.55 t/a；

$E_{j\text{主要排放口总量}}$=350+750+200+17.55=1 317.55 t/a。

审核注意要点：

1.《技术规范》要求仅对有组织排放口主要排放口进行许可排放量的核算，这里无须计算一般排放口的许可排放量。

2. 该企业投产为 2015 年 1 月后新增污染源，因此许可排放量限值以计算值、总量分配计划文件及环境影响评价审批文件三者取严，注意根据相关文件取值计算。

（8）大气污染物无组织排放表审核要点

表 5-9 大气污染物无组织排放表

序号	生产设施编号/无组织排放编号	产污环节	污染物种类	主要污染防治措施	国家或地方污染物排放标准		其他信息	年许可排放量限值（t/a）					申请特殊时段许可排放量限值
					名称	浓度限值		第一年	第二年	第三年	第四年	第五年	
1	MF0010	调（施）胶废气	挥发性有机物		《工业企业挥发性有机物排放控制标准》（DB 13/2322—2016）	2.0 mg/Nm^3	/	/	/	/	/	/	/
2	MF0010	调（施）胶废气	甲醛		《大气污染物综合排放标准》（GB 16297—1996）	0.2 mg/Nm^3	/	/	/	/	/	/	/
3	MF0004	其他	颗粒物		《大气污染物综合排放标准》（GB 16297—1996）	1.0 mg/Nm^3	/	/	/	/	/	/	/
4	MF0003	其他	颗粒物		《大气污染物综合排放标准》（GB 16297—1996）	1.0 mg/Nm^3	/	/	/	/	/	/	/
5	MF0018	砂光工段	颗粒物		《大气污染物综合排放标准》（GB 16297—1996）	1.0 mg/Nm^3	/	/	/	/	/	/	/
6	MF0008	纤维制备工段	颗粒物		《大气污染物综合排放标准》（GB 16297—1996）	1.0 mg/Nm^3	/	/	/	/	/	/	/
7	MF0009	纤维制备工段	颗粒物		《大气污染物综合排放标准》（GB 16297—1996）	1.0 mg/Nm^3	/	/	/	/	/	/	/
全厂无组织排放总计													
全厂无组织排放总计					颗粒物			/	/	/	/	/	/
					SO_2			/	/	/	/	/	/
					NO_x			/	/	/	/	/	/
					VOCs			/	/	/	/	/	/
					甲醛			/	/	/	/	/	/

审核注意要点：

1. 该表仅填报厂界无组织排放相关内容即可，无组织排放源不在本表填报。

2. 厂界无组织排放污染物因子为颗粒物、甲醛、氮氧化物、VOCs。另外，该企业为新增排放源，应查阅环评文件核实是否有其他无组织污染物因子。

（9）废水排放相关信息表审核要点

表 5-10 废水直接排放口基本情况表

序号	排放口编号	排放口名称	排放口地理坐标		排放去向	排放规律	间歇排放时段	受纳自然水体信息		汇入受纳自然水体处地理坐标		其他信息
			经度	纬度				名称	受纳水体功能目标	经度	纬度	
1	DW001	废水总排放口	118°11′6.14″	39°41′29.18″	进入城市下水道（再入沿海海域）	连续排放，流量稳定	/	渤海湾	第三类	118°11′16.58″	39°41′45.28″	/

表 5-11 入河排污口信息表

序号	排放口编号	排放口名称	入河排污口			其他信息
			名称	编号	批复文号	

表 5-12　雨水排放口基本情况表

序号	排放口编号	排放口名称	排放口地理坐标		排放去向	排放规律	间歇排放时段	受纳自然水体信息		汇入受纳自然水体处地理坐标		其他信息
			经度	纬度				名称	受纳水体功能目标	经度	纬度	

审核注意要点：

1. 注意填报此表的相关企业是否为生产废水循环使用，无废水外排。
2. 原则上人造板工业雨水排放信息无须填写。

（10）废水污染物排放表审核要点

表 5-13　废水污染物排放表

序号	排放口编号	排放口名称	污染物种类	申请排放浓度限值	申请年排放量限值（t/a）					申请特殊时段排放量限值
					第一年	第二年	第三年	第四年	第五年	
主要排放口										
主要排放口合计			COD_{Cr}		/	/	/	/	/	/
			氨氮		/	/	/	/	/	/
			总氮（以 N 计）		/	/	/	/	/	/
			总磷（以 P 计）		/	/	/	/	/	/
			pH		/	/	/	/	/	/
			色度		/	/	/	/	/	/
			悬浮物		/	/	/	/	/	/
			五日生化需氧量		/	/	/	/	/	/
			甲醛		/	/	/	/	/	/

序号	排放口编号	排放口名称	污染物种类	申请排放浓度限值	申请年排放量限值（t/a）					申请特殊时段排放量限值
					第一年	第二年	第三年	第四年	第五年	
一般排放口										
1	DW001	废水总排放口	甲醛	1.0 mg/L	/	/	/	/	/	/
2	DW001	废水总排放口	色度	50	/	/	/	/	/	/
3	DW001	废水总排放口	总氮（以 N 计）	/mg/L	/	/	/	/	/	/
4	DW001	废水总排放口	氨氮（NH_3-N）	15 mg/L	/	/	/	/	/	/
5	DW001	废水总排放口	总磷（以 P 计）	0.5 mg/L	/	/	/	/	/	/
6	DW001	废水总排放口	悬浮物	70 mg/L	/	/	/	/	/	/
7	DW001	废水总排放口	化学需氧量	100 mg/L	/	/	/	/	/	/
8	DW001	废水总排放口	五日生化需氧量	20 mg/L	/	/	/	/	/	/
9	DW001	废水总排放口	pH	6～9	/	/	/	/	/	/
一般排放口合计			COD_{Cr}		/	/	/	/	/	/
			氨氮		/	/	/	/	/	/
			总氮（以 N 计）		/	/	/	/	/	/
			总磷（以 P 计）		/	/	/	/	/	/
			pH		/	/	/	/	/	/
			色度		/	/	/	/	/	/
			悬浮物		/	/	/	/	/	/
			五日生化需氧量		/	/	/	/	/	/
			甲醛		/	/	/	/	/	/

序号	排放口编号	排放口名称	污染物种类	申请排放浓度限值	申请年排放量限值（t/a）					申请特殊时段排放量限值
					第一年	第二年	第三年	第四年	第五年	
全厂排放口源										
全厂排放口总计			COD_{Cr}		/	/	/	/	/	/
			氨氮		/	/	/	/	/	/
			总氮（以N计）		/	/	/	/	/	/
			总磷（以P计）		/	/	/	/	/	/
			pH		/	/	/	/	/	/
			色度		/	/	/	/	/	/
			悬浮物		/	/	/	/	/	/
			五日生化需氧量		/	/	/	/	/	/
			甲醛		/	/	/	/	/	/

审核注意要点：

1. 注意污染物因子是否填报正确。
2. 原则上人造板工业废水不设置许可排放量要求，地方生态环境主管部门有要求的，可要求申报单位申报总量指标。

（11）噪声排放信息和固体废物排放信息表审核要点

表 5-14　噪声排放信息表

噪声类别	生产时段		执行排放标准名称	厂界噪声排放限值		备注
	昼间	夜间		昼间[dB（A）]	夜间[dB（A）]	
稳态噪声	至	至				
频发噪声						
偶发噪声						

表 5-15　固体废物排放信息表

固体废物排放信息															
序号	生产线类型	生产线编号	固体废物名称	固体废物种类	固体废物类别	固体废物描述	固体废物产生量（t/a）	处理方式	处理去向						其他信息
									自行贮存量（t/a）	自行利用（t/a）	自行处置（t/a）	转移量（t/a）		排放量（t/a）	
												委托利用量	委托处置量		
1	刨花板	SCX001	灰渣	炉渣	一般工业固体废物	热能中心炉渣	650	委托处置	0	0	0	0	650	0	/

委托利用、委托处置

序号	固体废物来源	固体废物名称	固体废物类别	委托单位名称	危险废物利用和处置单位危险废物经营许可证编号
1	刨花板	灰渣	一般工业固体废物	唐山制砖厂	/

自行处置

序号	固体废物来源	固体废物名称	固体废物类别	自行处置描述

审核注意要点：

原则上人造板工业未规定噪声和固体废物的许可，无须填报。地方生态环境主管部门有要求的，根据要求填报。

（12）自行监测及记录信息表审核要点

表 5-16 自行监测及记录信息表

序号	污染源类别/监测类别	排放口编号/监测点位	排放口名称/监测点位名称	监测内容	污染物名称	监测设施	自动监测是否联网	自动监测仪器名称	自动监测设施安装位置	自动监测设施是否符合安装、运行、维护等管理要求	手工监测采样方法及个数	手工监测频次	手工测定方法	其他信息
1	废气	DA001	干燥尾气排放口	氧含量，烟气温度，烟气流速，烟气压力，湿度	氮氧化物	自动	是	FT-NO04 氮氧化物检测仪器	有机废气处理排放口	是	非连续采样，至少 4 个	自动监测不能正常运行采用手工监测，5 次/d	《固定污染源废气 氮氧化物的测定 定电位电解法》（HJ 693—2014）	/
2	废气	DA001	干燥尾气排放口	氧含量，烟气温度，烟气流速，烟气压力，湿度	甲醛	手工					非连续采样，至少 4 个	1 次/季	《空气质量 甲醛的测定 乙酰丙酮分光光度法》（GB/T 15516—1995）	/
3	废气	DA001	干燥尾气排放口	氧含量，烟气温度，烟气流速，烟气压力，湿度	挥发性有机物	自动	是	VOC 在线监测系统	有机废气处理排放口	是	非连续采样，至少 4 个	自动监测不能正常运行采用手工监测，5 次/d	《固定污染源废气 总烃、甲烷和非甲烷总烃的测定 气相色谱法》（HJ 38—2017）	/
4	废气	DA001	干燥尾气排放口	氧含量，烟气温度，烟气流速，烟气压力，湿度	颗粒物	自动	是	FN-NO04 氮氧化物检测仪器	有机废气处理排放口	是	非连续采样，至少 4 个	自动监测不能正常运行采用手工监测，5 次/d	《固定污染源排气中颗粒物测定与气态污染物采样方法》（GB/T 16157—1996）	/
5	废气	DA002	锯切废气排放口	烟气温度，烟气流速，烟气压力，湿度	颗粒物	手工					非连续采样，至少 4 个	1 次/月	《固定污染源排气中颗粒物测定与气态污染物采样方法》（GB/T 16157—1996）	/

序号	污染源类别/监测类别	排放口编号/监测点位	排放口名称/监测点位名称	监测内容	污染物名称	监测设施	自动监测是否联网	自动监测仪器名称	自动监测设施安装位置	自动监测设施是否符合安装、运行、维护等管理要求	手工监测采样方法及个数	手工监测频次	手工测定方法	其他信息
6	废气	DA003	铺装废气排放口	烟气温度，烟气流速，烟气压力，湿度	颗粒物	手工					非连续采样，至少4个	1次/月	《固定污染源排气中颗粒物测定与气态污染物采样方法》（GB/T 16157—1996）	/
7	废气	DA004	砂光废气排放口	烟气温度，烟气流速，烟气压力，湿度	颗粒物	手工					非连续采样，至少4个	1次/月	《固定污染源排气中颗粒物测定与气态污染物采样方法》（GB/T 16157—1996）	/
8	废气	厂界		温度，湿度，气压，风速	甲醛	手工					非连续采样，至少4个	1次/a	《空气质量　甲醛的测定　乙酰丙酮分光光度法》（GB/T 15516—1995）	/
9	废气	厂界		温度，湿度，气压，风速	总悬浮颗粒物（空气动力学当量直径100 μm以下）	手工					非连续采样，至少4个	1次/a	《固定污染源排气中颗粒物测定与气态污染物采样方法》（GB/T 16157—1996）	/
10	废气	厂界		温度，湿度，气压，风速	非甲烷总烃	手工					非连续采样，至少4个	1次/a	《固定污染源排气中非甲烷总烃的测定　气相色谱法》（HJ/T 38—2017）	/
11	废水	DW001	废水总排放口	流量，水温	pH	手工					混合采样，至少4个混合样	1次/季	《水质　pH值的测定　玻璃电极法》（GB 6920—86）	/

序号	污染源类别/监测类别	排放口编号/监测点位	排放口名称/监测点位名称	监测内容	污染物名称	监测设施	自动监测是否联网	自动监测仪器名称	自动监测设施安装位置	自动监测设施是否符合安装、运行、维护等管理要求	手工监测采样方法及个数	手工监测频次	手工测定方法	其他信息
12	废水	DW001	废水总排放口	流量，水温	色度	手工					混合采样，至少4个混合样	1次/季	《水质　色度的测定》（GB 11903—89）	/
13	废水	DW001	废水总排放口	流量，水温	悬浮物	手工					混合采样，至少4个混合样	1次/月	《水质　悬浮物的测定　重量法》（GB 11901—89）	/
14	废水	DW001	废水总排放口	流量，水温	五日生化需氧量	手工					混合采样，至少4个混合样	1次/季	《水质　五日生化需氧量（BOD_5）的测定　稀释与接种法》（HJ 505—2009）	/
15	废水	DW001	废水总排放口	流量，水温	化学需氧量	手工					混合采样，至少4个混合样	1次/d	《水质　化学需氧量的测定　重铬酸盐法》（HJ 828—2017）	/
16	废水	DW001	废水总排放口	流量，水温	总氮（以N计）	手工					混合采样，至少4个混合样	1次/季	《水质　总氮的测定　碱性过硫酸钾消解紫外分光光度法》（HJ 636—2012）	/
17	废水	DW001	废水总排放口	流量，水温	氨氮（NH_3-N）	手工					混合采样，至少4个混合样	1次/d	《水质　氨氮的测定　流动注射—水杨酸分光光度法》（HJ 666—2013）	/
18	废水	DW001	废水总排放口	流量，水温	总磷（以P计）	手工					混合采样，至少4个混合样	1次/季	《水质　总磷的测定　流动注射—钼酸铵分光光度法》（HJ 671—2013）	/
19	废水	DW001	废水总排放口	流量，水温	甲醛	手工					混合采样，至少4个混合样	1次/季	《空气质量　甲醛的测定　乙酰丙酮分光光度法》（GB/T 15516—1995）	/

审核注意要点：

1. 监测内容是为监测污染物浓度而需要监测的各类参数，而非选择污染物名称。

2. 废气一般排放口的监测内容为“烟气温度、烟气流速、烟气压力、湿度”，干燥尾气排放口还要在监测基础上增加“氧含量”，厂界无组织监测内容选择“温度、湿度、气压、风速”，废水的监测内容为“流量、水温”。该排污单位部分监测内容填写错误。

3. 手工监测频次应为“每天不少于 4 次，间隔不得超过 6 h”。

4. 针对采用在线监测排放口也应填报在线监测设备发生故障时的手工监测。监测频次为“每天不少于 4 次，间隔不得超过 6 h”，并且备注“在线监测发生故障时”。

5. 手工监测方法需逐一填报，不得漏项。

（13）环境管理台账信息表审核要点

表 5-17　环境管理台账信息表

序号	类别	记录内容	记录频次	记录形式	其他信息
1	基本信息	企业名称、生产经营场所地址、行业类别、法定代表人、统一社会信用代码、生产工艺、生产规模、环保投资、排污权交易文件、环境影响评价审批意见及排污许可证编号	1 次/月	电子台账+纸质台账	/
2	监测记录信息	有组织废气（手工/在线）监测污染物监测时间、废气量、含氧量、污染物浓度、使用仪器、采样方法及个数、使用标准等；无组织废气污染物监测时间、污染物浓度、使用仪器、采样方法及个数、使用标准等；废水污染物项目、监测采样方法及个数、监测次数、测定方法、监测仪器型号、监测日期、监测时间、进出口污染物浓度	按自行监测要求频次记录	电子台账+纸质台账	/
3	其他环境管理信息	无组织废气污染防治设施运行、维护、管理相关的信息，包括特殊时段生产设施运行管理信息和污染防治设施运行管理信息、固体废物收集处	1 次/d	电子台账+纸质台账	/

序号	类别	记录内容	记录频次	记录形式	其他信息
		置信息			
4	生产设施运行管理信息	生产设施编号名称、生产设施规格参数、运行状态、产品产量；原辅材料名称、原辅材料用量、原辅材料有害元素成分占比；燃料名称及成分	1 次/班	电子台账+纸质台账	/
5	污染防治设施运行管理信息	废气除尘设施及其他防治设施名称、主要防治设施规格参数、运行状态、污染物排放情况；无组织排放源及排放情况；固体废物名称、产生量、处理方式、固体废物去向；废水污染治理设施规格参数、运行状态、污染物排放情况、污泥产生量、处理方式；防治设施非正常情况起始终止时间、期间污染物排放情况事件原因、是否报告、应对措施	1 次/d	电子台账+纸质台账	/

审核注意要点：

1. 根据《技术规范》要求，环保管理台账应记录生产设施的基本信息、运行管理信息、污染治理设施的基本信息、运行管理信息、监测记录信息以及其他环境管理信息。

2. 记录频次应对应《技术规范》要求。

3.《技术规范》要求所有台账记录形式按照“纸质台账+电子台账”，该企业仅填报了“电子台账”，不符合要求。

4.《技术规范》要求“台账保存期限不少于三年”，应在此添加备注。

（14）附图审核要点

> 审核注意要点：
>
> 1. 工艺流程图要清晰完整，每个工段需分别标明污染物处理方式。
>
> 2. 总平面布置图要清晰，图例明确。平面布置图应包括主要工序、厂房、设备位置关系，尤其应注明厂区污水收集和运输走向等内容。
>
> 3. 监测点位示意图要与总平面布置图保持一致，并完整标注各监测点。

5.2.3 易错问题汇总

从目前排污许可证质量抽查情况来看，大型人造板企业填报质量优于小型企业，主要是小型企业重视力度不够，缺少横向沟通的渠道和专业指导，主要问题集中在以下几点：

①表 1 中，针对是否属于重点控制区域，很多企业未经核实随意填报；环境影响评价批复文件（备案文件）填报不全；少数企业将锅炉作为供热设备，未填报锅炉相关项目；未能按照环评文件取得时间判断新增污染源和现有污染源，导致后面污染因子、自行监测、许可排放量等填写错误。

②表 2 中，主要工艺及生产设施填报不全；主要生产单元中，针对重复设备未进行逐一编号填报；设施参数未按照《技术规范》要求填报完整；本表要求企业填报的“产品生产能力”为主要产品设计生产能力，不包括国家和地方政府予以淘汰或取缔的生产能力。

③表 3 中，原辅材料漏填；燃料未填写其成分，热值单位混淆导致数据错误。

④表 4 中，生产设施对应的污染因子选填有误，如将“二氧化硫”进行填报。污染因子选填不全，如未填写“甲醛”。对污染因子治理设施工艺选择不全，例如，对于“颗粒物”只选择了“旋风分离”，未选择“布袋除尘”。该表仅要求企业填报有组织排放源，部分企业填报了无组织排放源。

⑤表 5 中，废水类别填报不全；污染治理设施及工艺不符合可行性技术却选择“是”。

⑥表 6 中，部分企业有组织排放口的高度满足不了《大气污染物综合排放标准》（GB 16297）或当地环保标准的要求。

⑦表 7 中，错误选择执行标准或错误填报环评文件要求的浓度限值。

⑧表 8 中，许可排放量核算方法有误，例如，未选择正确的排放口进行核算，或者在计算时通过产品密度对基本排气量进行换算。计算产能时应按照环评批复产能或备案产能填报。

⑨表 9 中，该表要求企业填报厂界无组织，部分企业错误选填了无组织排放源，未按要求填报厂界无组织排放信息。填报了噪声、固体废物相关信息。

⑩表 9-1 中无组织管控表，在选择是否属于重点地区中选择错误，未能根据公司实际建设情况选填全，漏选部分管控要求，尤其是“公用单元”中的其他管理要求，企业填报的无组织管控现状低于无组织管控要求。

⑪表 10 中，未根据从严确定原则确定许可排放量。

⑫表 13 中未能选取应执行的标准，未根据国家标准和地方标准从严确定许可限值。

⑬表 17 中，自行监测的监测内容填报成污染物，监测频次低于《技术规范》或行业自行监测要求，未填报自动监测故障时的手工监测信息；厂界无组织监测漏填报或监测不全，新增排放源未结合环评文件对环境质量进行监测。

⑭表 18 中，部分企业未能按照《技术规范》的要求填报台账记录内容，记录频次低于《技术规范》要求，记录形式未按照《技术规范》的要求必须采用“电子台账+纸质台账”形式填报，未填报“台账保存期限不少于三年”的要求。

⑮附件：信息公开表的承诺书的抬头错误，公开方式及网址未明确；信息公开日期错误；信息公开表中的“反馈意见及处理情况”未填报；平面布置图遗漏了污水走向。

⑯副本中表 15 和表 16 中，核发部门未填报或填报不符合《技术规范》要求。

6 排污许可证监督与管理

6.1 如何做好排污许可证应发尽发工作

根据《生态文明体制改革总体方案》要求，尽快在全国范围建立统一公平、覆盖所有固定污染源的企业排放许可制。现就如何做好“核发一个行业，清理一个行业”工作，提出以下几点建议。

（1）摸清企业底数，建立行业清单

通过第二次污染源普查企业清单、环境统计企业清单、电力部门工业企业清单、统计部门工业企业清单等，利用社会信用代码的唯一性，对比筛选出辖区内各行业企业基础清单。基础清单按地址进行分类，交由乡镇、街道对企业的规模、类型、生产状况进行核实，按照排污许可管理名录整理出各行业应发企业清单。

（2）强化核发清理，做到应发尽发

生态环境主管部门应对照企业清单逐一核实，对属于核发范围的企业，严格按《排污许可管理办法（试行）》分类处理处置，实现“应发尽发”。对存在问题的，生态环境部门核发排污许可证，并在排污许可证中明确改正要求和时限；对整改到位的，及时申请排污许可证，并从清单中销号；对到期仍未整改到位的，提出建议报有批准权的人民政府批准责令停业、关闭；通过将应发企业清单中的已发企业清单剔除，建立无证企业清单，进行重点监管。

（3）严格监察执法，督促落实整改

地方生态环境主管部门应尽快启动围绕排污许可证的监管执法，建立监督、监察、监测联动机制，制订排污许可执法计划。严厉打击无证排污、不按证排污，执法过程中发现未按规定申领排污许可证的，及时反馈核发部门，纳入无证企业清单。同时，对纳入无证企业清单中的企业实行重点监管，禁止企业无证排污，督促其尽快申领排污许可证。

（4）加大宣传力度，督促企业申领

加大排污许可制度的宣传力度，通过新闻媒体将无证排污处罚情况进行公开，使企业认识到无证排污、违证排污的后果，使公众了解排污许可证的作用，鼓励公众监督企业排污行为，建立违法举报奖励机制。同时，加大对地方生态环境部门的培训力度，进一步提高管理人员的政策理解能力和业务水平，推动各行业排污许可证的全面清理、核发。

6.2 证后监管

排污许可证作为生产运营期排污行为的唯一行政许可，并明确其排污行为依法应当遵守的环境管理要求和承担的法律责任义务，同时也是企事业单位在生产运营期接受环境监管和生态环境部门实施监管的主要法律文书。生态环境部门基于企事业单位守法承诺，依法发放排污许可证，依证强化事中事后监管，对违法排污行为实施严厉打击。

6.2.1 建立证后监管机制，制订执法检查计划

明确相关部门职责，建立证后监管机制。许可证核发部门负责许可证核发管理和执行报告管理检查，环境监察部门负责排污许可证的现场检查、调查取证等，环境监测部门负责自行监测情况的检查和现场监测，形成“三监联动”工作机制。

上级生态环境部门负责对下级生态环境部门开展企业许可证质量、执行报告执行情况、自行监测执行情况抽查工作。实现部门之间信息交流，将执行报告未填报或填报质量差的单位列为现场执法检查重点。

各级生态环境管理部门结合辖区内企业数量排定年度排污许可执法检查计划，已核发排污许可证重点排污单位，每许可周期内至少进行一次重点执法检查。

6.2.2 人造板企业污染治理措施运行情况检查

①主要排放口电除尘检查，查阅中控系统（DCS 曲线）及台账记录，检查静电除尘器电压、电流是否有异常波动、颗粒物浓度（烟尘）是否与除尘器出口电场电流波动具备对应关系（电流高对于颗粒物浓度低，反则反之），异常波动是否有正当理由并在台账中。现场查阅记录或现场质询异常波动原因，如无正当理由，则基本可以判定设施不正常运行。

②主要排放口袋除尘检查，查阅中控系统（DCS 曲线）及台账记录，检查布袋除尘器压差、喷吹压力是否有异常波动，异常波动是否有正当理由并在台账中予以记录。现场查阅记录或现场质询异常波动原因，如无正当理由，则基本可以判定设施不正常运行。

③一般排放口袋除尘检查，通过查看排气筒出口是否有明显可见烟，判断滤袋是否有破损（新滤袋尚未进入除尘稳定期时，也会出现可见烟问题，应排除）。

6.2.3 自行监测情况检查

（1）检查内容

主要包括是否开展自行监测，以及自行监测的点位、因子、频次是否符合排污许可证要求。

①采用自动监测的，主要检查以下内容与排污许可证载明内容的相符性：排放口编号、监测内容、污染物名称、自动监测设施是否符合安装运行、维护等管理要求。

②采用手工监测的，主要检查以下内容与排污许可证载明内容的相符性：排放口编号、监测内容、污染物名称、手工监测采样方法及个数、手工监测频次。

（2）检查方法

在线检查主要包括监测情况与监测方案的一致性，监测频次是否满足许可证要求、监测结果是否达标等。

现场检查主要为资料检查，包括：自动监测、手工自行监测记录，环境管理台账，自动监测设施的比对、验收等文件。对于自动监测设施，可现场查看运行情况、标准气体有效期限等。

6.2.4 环境管理台账检查

（1）检查内容

主要包括是否有环境管理台账，环境管理台账是否符合相关规范要求。

主要检查生产设施的基本信息、污染防治设施的基本信息、监测记录信息、运行管理信息和其他环境管理信息等的记录内容、记录频次和记录形式。

（2）检查方法

现场查阅环境管理台账，对比排污许可证要求，核查台账记录的及时性、完整性和真实性。

6.2.5 执行报告检查

（1）检查内容

执行报告上报频次、时限和主要内容是否满足排污许可证要求。

（2）检查方法

在线或现场查阅排污单位执行报告文件及上报记录。核实执行报告污染物排放浓度、排放量是否真实，是否上传污染物排放量计算过程。

6.2.6 信息公开情况检查

（1）检查内容

主要包括是否开展了信息公开，信息公开是否符合相关规范要求。主要核查信息公开的公开方式、时间节点、公开内容与排污许可证要求相符性。公开内容应包括颗粒物、甲醛、NO_x实时排放浓度、废水排放去向、自行监测结果等。

（2）检查方法

在线检查通过企业公开网址进行信息公开内容检查。现场检查为现场查看信息亭、电子屏幕、公示栏等场所。

6.3 现场检查指南

6.3.1 现场检查资料准备

现场执法检查前应了解企业基本情况，并对照企业排污许可证填写企业基本信息表，标明被检查企业的单位名称、注册地址、生产经营场所和行业类别，根据企业实际情况勾选主要生产工艺，填写生产线数量以及单条生产线的规模，具体检查表见表 6-1。

表 6-1 企业基本情况表

单位名称		生产经营场所地址	
注册地址		行业类别	
主要生产工艺（按设备逐一填写）			
生产设施填报情况	没有遗漏□ 遗漏填报□ 填报有误，与实际情况不符□ 有变动但未及时申请变更□ 说明：		
污染治理设施填报情况	没有遗漏□ 遗漏填报□ 填报有误，与实际情况不符□ 有变动但未及时申请变更□ 说明：		
产排污环节	没有遗漏□ 遗漏有组织废气□ 遗漏无组织废气□ 遗漏废水□ 说明：		
排放口设置	没有遗漏□ 遗漏废气排放口□ 遗漏废水排放口□ 说明：		
污染物因子	没有遗漏□ 遗漏有组织废气□ 遗漏无组织废气□ 遗漏废水□ 说明：		

自行监测	按要求开展自行监测□ 未开展自行监测□ 未按要求进行自动监测□ 未按要求进行手工监测□ 监测内容不符合要求□ 监测污染物种类不符合要求□ 监测频次不符合要求□ 监测方法不符合要求□ 说明：
环境管理要求	没有遗漏□ 遗漏自行监测要求□ 遗漏环境管理台账要求□ 遗漏执行报告要求□ 遗漏信息公开要求□ 说明：

6.3.2 废气污染治理设施合规性检查

6.3.2.1 有组织废气污染防治合规性检查

（1）废气排放口检查

有组织废气排放口检查表见表 6-2。

表 6-2 有组织废气排放口检查表

排气口、采样孔、采样监测平台设置						
污染源	采样孔规范设置	采样监测平台规范设置	排气口规范设置	是否有标识牌	是否合规	备注
干燥废气	是□ 否□	是□ 否□	是□ 否□	是□ 否□	是□ 否□	
压机尾气	是□ 否□	是□ 否□	是□ 否□	是□ 否□	是□ 否□	
……	是□ 否□	是□ 否□	是□ 否□	是□ 否□	是□ 否□	

（2）废气治理措施

有组织废气治理措施检查表见表 6-3。

表 6-3 有组织废气治理措施检查表

污染源	污染因子	排污许可证载明治理措施	实际治理措施	是否合规	备注
干燥尾气	颗粒物			是□ 否□	
	甲醛			是□ 否□	
	VOCs			是□ 否□	
	氮氧化物			是□ 否□	
热压尾气	甲醛			是□ 否□	
	VOCs			是□ 否□	
	颗粒物			是□ 否□	
气力输送系统	颗粒物			是□ 否□	
除尘系统	颗粒物			是□ 否□	

（3）污染治理措施运行合规性检查

①颗粒物治理措施检查。

颗粒物治理措施检查表见表 6-4。

表 6-4 颗粒物治理措施检查表

排放口	治理措施		备注	判定方法
主要排放口	电除尘是否运行正常	是□ 否□		查看 DCS 曲线（颗粒物浓度、电场电流电压）确定设施运行情况，查找颗粒物异常数据（长时间无波动、超标数据、极小数据）时间段，结合对应时间段点除尘二次电流电压数值、运行维护台账、生产线负荷以及其他相关设备运行情况，判断电除尘历史运行情况
	布袋除尘是否运行正常	是□ 否□		查看 DCS 曲线（颗粒物浓度、除尘进出口压差）确定设施运行情况，查找颗粒物异常数据（长时间无波动、超标数据、极小数据）时间段，结合对应时间段点除尘二次电流电压数值、运行维护台账、生产线负荷以及其他相关设备运行情况，判断除尘设施历史运行情况
一般排放口	初步判断是否达标排放	是□ 否□		观察排放口是否出现冒灰现象
	布袋除尘是否与主机设备同步运行	是□ 否□		结合除尘设施巡检台账、维护台账及对应设备运行台账，对照同一时段里设备开停情况是否一致

②甲醛治理措施检查表见表 6-5。

表 6-5 甲醛治理措施检查表

排放口	治理措施		备注	判定方法
主要排放口	处理设施是否运行正常	是□ 否□		查看 DCS 曲线（甲醛浓度，电场电流电压）确定设施运行情况，查找甲醛异常数据（长时间无波动、超标数据、极小数据）时间段，结合对应时间段点除尘二次电流电压数值、运行维护台账、生产线负荷以及其他相关设备运行情况，判断处理设施历史运行情况
一般排放口	初步判断是否达标排放	是□ 否□		观察排放口是否有刺鼻气味，排放口气体采样是否通过 GB/T 15516—1995 乙酰酮分光光度法检测
	废气焚烧处理	是□ 否□		结合焚烧设施（热能中心等）设施巡检台账、维护台账及对应设备运行台账，对照同一时段里与设备开停情况是否一致

③氮氧化物治理措施检查表见表 6-6。

表 6-6　氮氧化物治理措施检查表

治理措施		备注	判定方法
热能中心/锅炉脱销设施是否运行正常	是□ 否□		通过检查脱硝剂购买凭证、脱硝剂使用情况核实脱销是否投用。结合热能中心/锅炉烟温、氮氧化物排放浓度及脱硝剂使用量判断脱销设施是否运行正常

（4）污染物排放浓度与许可浓度的一致性检查

有组织废气和无组织废气浓度达标情况检查表见表 6-7 和表 6-8。

表 6-7　有组织废气浓度达标情况检查表

污染源	污染因子	自动监测数据是否达标	手工监测数据是否达标	执法监测数据是否达标	备注
干燥尾气	颗粒物	是□ 否□	是□ 否□	是□ 否□	
	氮氧化物	是□ 否□	是□ 否□	是□ 否□	
	甲醛	是□ 否□	是□ 否□	是□ 否□	
	VOCs	是□ 否□	是□ 否□	是□ 否□	
热压尾气	颗粒物	是□ 否□	是□ 否□	是□ 否□	
	甲醛	是□ 否□	是□ 否□	是□ 否□	
	VOCs	是□ 否□	是□ 否□	是□ 否□	
…					

表 6-8　无组织废气浓度达标情况检查表

污染源	污染因子	自动监测数据是否达标	手工监测数据是否达标	执法监测数据是否达标	备注
铺装尾气	颗粒物	是□ 否□	是□ 否□	是□ 否□	
调（施）胶尾气	甲醛	是□ 否□	是□ 否□	是□ 否□	
	VOCs	是□ 否□	是□ 否□	是□ 否□	
…					

（5）污染物实际排放量与许可排放量的一致性检查

检查颗粒物、甲醛、氮氧化物、VOCs 的实际排放量是否满足年许可排放量要求时，可参考并填写检查表，具体见表 6-9。

表 6-9 废气主要排放口污染物实际排放量与许可排放量一致性检查表

污染物	许可排放量（t/a）	实际排放量（t/a）	是否满足许可要求	备注
颗粒物			是□ 否□	
甲醛			是□ 否□	
VOCs			是□ 否□	
氮氧化物			是□ 否□	

6.3.2.2 无组织废气污染防治合规性检查

无组织废气污染防治检查表见表 6-10。

表 6-10 无组织废气污染防治检查表

治理环境要素	排污节点	治理措施		备注
颗粒物	物料堆存		是□ 否□	
	物料运输	是否采用密闭形式	是□ 否□	
		下料口是否配备除尘设施	是□ 否□	
	粉状物料散装	粉状、粒状物料是否采取密闭或覆盖等抑尘措施	是□ 否□	
		装卸点是否采取密闭或喷淋等抑尘措施	是□ 否□	
	其他	道路是否全硬化	是□ 否□	
		是否设置车轮清洗、清扫装置	是□ 否□	
VOCs	储存	是否储存于密闭容器、包装袋、储库中	是□ 否□	
		容器是否放于具有防渗设施的室内或专用场所	是□ 否□	
		盛放容器在非取用状态是否保持密闭	是□ 否□	
	运输使用	使用过程无法密闭的，是否采取局部其他收集措施，废气是否排放至收集处理系统	是□ 否□	
		是否采用密闭管道输送方式密闭投加	是□ 否□	
	其他	设备和管道在检（维）修、清洗时，是否采用密闭容器承装，废气是否排至收集处理系统	是□ 否□	

6.3.3 废水污染治理设施合规性检查

（1）废水排放口检查

废水排放口检查表见表 6-11。

表 6-11 废水排放口检查表

废水类别	排污许可证排放去向	实际排放去向	是否一致	是否有标识牌	是否规范	备注
生活污水			是□ 否□			
……			是□ 否□			

（2）废水治理措施检查

废水治理措施检查表见表 6-12。

表 6-12 废水治理措施检查表

废水类别	治理措施			备注
生产废水	纤维水洗废水	经过滤、沉淀、处理等回用	是□ 否□	
	设备冷却循环水	经过滤、沉淀、冷却等处理后回用	是□ 否□	
	辅助生产废水	经过滤、沉淀、冷却等处理	是□ 否□	
	其他废水	经过滤、沉淀、冷却等处理后回用	是□ 否□	
生活污水	是否有生活污水处理站		是□ 否□	

（3）污染物实际排放量与许可排放量的一致性检查

人造板企业各废水排放口污染物的排放浓度达标是指任一有效日均值满足许可排放浓度的要求。各项废水污染物有效日均值采用执法监测、企业自行开展的手工监测两种方法分类进行确定。

废水达标情况检查表见表 6-13。

表 6-13 废水达标情况检查表

废水污染因子	实际监测浓度	是否符合许可排放要求	备注
		是□ 否□	
……	……	……	

6.3.4 环境管理执行情况合规性检查

（1）自行监测执行情况检查

自行监测执行情况检查表见表 6-14。

表 6-14 自行监测执行情况检查表

序号	合规性检查		实际执行	是否合规	备注
1	是否编制自行监测方案			是□ 否□	
2	自行监测方案是否满足排污许可证要求	监测点位是否齐全		是□ 否□	
3		监测指标是否满足规范要求		是□ 否□	
4		监测频次是否满足规范要求		是□ 否□	
5		采样方法是否满足规范要求		是□ 否□	
6	是否按照监测方案开展自行监测工作			是□ 否□	

（2）环境管理台账执行情况检查

环境管理台账执行情况检查表见表 6-15。

表 6-15 环境管理台账执行情况检查表

序号	环境管理台账记录内容	项目	排污许可证要求	实际执行	是否合规
1	××运行台账	记录内容			是□ 否□
		记录频次			是□ 否□
		记录形式			是□ 否□
		保存时间			是□ 否□

（3）执行报告上报执行情况检查

执行报告上报执行情况检查表见表 6-16。

表 6-16 执行报告上报执行情况检查表

序号	执行报告内容	排污许可证要求	实际执行	是否合规	备注
1	上报内容			是□ 否□	
2	上报频次			是□ 否□	

（4）信息公开执行情况检查

信息公开执行情况检查表见表 6-17。

表 6-17 信息公开执行情况检查表

序号	信息公开内容		是否公开	公开方式	备注
1	基础信息	包括单位名称、组织机构代码、法定代表人、生产地址、联系方式，以及生产经营和管理服务的主要内容、产品及规模	是□ 否□		
2	排污信息	包括主要污染物及特征污染物的名称、排放方式、排放口数量和分布情况、排放浓度、超标情况，以及执行的污染物排放标准、核定的排放总量	是□ 否□		
3	防止污染设施的建设和运行情况		是□ 否□		
4	建设项目环境影响评价及其他环境保护行政许可情况		是□ 否□		
5	突发环境事件应急预案		是□ 否□		
6	自行监测方案		是□ 否□		

附录

附录 1
人造板工业排污许可证申请与核发技术规范十五问

1．规范主要规定了哪些内容，适用于什么范围？

答：规定了人造板工业排污单位排污许可证申请与核发的基本情况填报要求、许可排放限值确定、实际排放量核算、合规判定的技术方法以及自行监测、环境管理台账与排污许可证执行报告等环境管理要求，提出了人造板工业污染防治可行技术要求。

规范适用于人造板工业排污单位填报《排污许可证申请表》及在全国排污许可证管理信息平台填报相关申请信息，同时适用于指导核发机关审核确定人造板工业的排污许可证许可要求。

2．重点管理、简化管理和登记管理排污单位是如何确定的？

答：人造板工业重点管理与简化管理的排污单位依据《固定污染源排污许可分类管理名录》确定，其余为登记管理。

3．规范执行的主要污染物排放标准有哪些？

答：废气执行《大气污染物综合排放标准》（GB 16297），废水执行《污水综合排放标准》（GB 8978）。待人造板工业污染物排放标准发布实施后，从其规定。地方有更严格排放标准要求的，从其规定。

4．排污单位基本情况填报有哪些要求？

答：排污单位基本情况包括排污许可执行情况及排污单位基本信息，排污单位应按照标准要求，在排污许可证管理信息平台申报系统填报《排污许可证申请表》中的相应信息表。填报系统下拉菜单中未包括的、地方生态环境主管部门有规定需要填报或排污单位认为需要填报的，可自行增加内容。

设区的市级以上地方生态环境主管部门可以根据环境保护地方性法规，增加需要在排污许可证中载明的内容，并填入排污许可证管理信息平台系统中“有核发权的地方生态环境主管部门增加的管理内容”一栏。

5. 排污单位填报图件有哪些要求?

答:排污单位填报图件应包括生产工艺流程图(包括全厂及各工序)、厂区总平面布置图、雨水和污水管网平面布置图。生产工艺流程图应包括主要生产设施(设备)、主要原辅材料及燃料的流向、生产工艺流程等内容。厂区总平面布置图应包括主要生产单元、厂房、设备位置关系,注明厂区运输路线等内容。雨水和污水管网平面布置图应包括厂区雨水和污水集输管线走向、排放口位置及排放去向等内容。

6. 废气主要排放口和一般排放口是如何确定的?

答:重点管理排污单位的纤维板、刨花板生产干燥废气排放口纳入主要排放口管理。纳入简化管理排污单位的排放口均为一般排放口。

热压废气不采用焚烧方式的,纳入有组织排放一般排放口管理;铺装、砂光、锯切、分选等其他工段风送除尘系统若为负压输送,废气排放口纳入一般排放口管理,若为正压输送,纳入无组织排放管理。胶合板及其他人造板生产干燥、压机、锯切和砂光工段的废气排放口纳入一般排放口管理。

7. 废气排放管控的污染因子以及许可内容是什么?

答:废气排放管控因子主要包括:甲醛、VOCs、颗粒物、氮氧化物。

8. 废水排放管控的污染因子以及许可内容是什么?

答:废水排放管控因子主要包括:pH、色度、悬浮物、化学需氧量、五日生化需氧量、氨氮、总氮、总磷、甲醛等。

9. 排污单位年许可排放量如何确定?

答:废气许可排放量核算方法主要有实测法(包括采用连续在线监测数据核算、采用手工采样监测数据核算)、产排污系数法等。针对不同的企业类型,现有企业优先采用实测法,其次选用产排污系数法。

人造板工业排污单位中主要排放口许可排放量依据许可排放物浓度限值、基准排气量、主要产品产能、年运行时间等计算。

10. 对排污单位自行监测的监测机构有何要求?

答:排污单位应当开展自行监测工作,并安排专人专职对监测数据进行记录、整理、统计和分析。排污单位对监测结果的真实性、准确性、完整性负责。手工监测时生产负荷应不低于本次监测与上一次监测周期内的平均生产负荷。

11. 排污单位自行监测方案主要包括哪些内容?

答:排污单位自行监测污染源和污染物应包括排放标准、环境影响评价文件及其审批意见和其他环境管理要求中涉及的各项废气、废水污染源和污染物。排污单位应当开展自行监测的污染源包括有组织废气、无组织废气、生产废水等全部污染源,污染源的监测点位、主要监测指标、最低监测频次按本规范表 11、表 12 和表 13 要求执行。对于新增污染源，周边环境影响监测点位、指标参照排污单位环境影响评价文件的要求执行。

12．环境管理台账记录有哪些基本要求？

答：环境管理台账记录内容可参考本规范附录 B，主要包括排污单位基本信息、主要生产设施运行参数（应记录主要生产设施，如热磨机、刨片机、干燥机、铺装机、热压机、砂光机等；产品产量；主要原辅料，特别是含有毒有害成分的胶黏剂、添加剂等）、燃料信息参数（如燃煤、生物质燃料等）、废气污染治理设施运行参数（如湿法静电除尘设施、活性炭吸附、旋风分离设施等）、废水污染治理设施运行参数（如混凝沉淀设施、厌氧处理设施，好氧处理设施等）、固体废物产生及处置运行管理信息等。

有核发权的地方生态环境主管部门可以依据法律法规、标准规范合理调整台账记录要求，排污单位可以根据生产实际情况记录环境管理台账。

环境管理台账应按照电子化储存和纸质储存两种形式同步管理。

13．排污许可证执行报告编制有哪些基本要求？

答：排污许可证执行报告可参考本规范附录 D 和附录 E 编写，即排污单位基本信息（应包括胶黏剂、添加剂种类及用量，主要产品及产量、能源消耗量等）、污染防治设施正常情况汇总表、废气和废水污染物排放浓度监测数据、非正常工况废气和废水污染物排放浓度监测数据、废气和废水污染物实际排放量报表等。

14．如果没有采用本规范推荐的可行技术，如何证明可达到与可行技术相当的处理能力？

答：对于未采用本规范所列可行技术的，排污单位应当在申请时提供相关证明材料（如提供已有监测数据，对于国内外首次采用的污染治理技术，还应当提供中试数据等说明材料），证明可达到与污染防治可行技术相当的处理能力。

15．非正常工况主要有哪些常见情况？

答：非正常工况包括设备检修、设备维护、备件更换、突发情况等造成热能中心启停机非正常排放。

附录 2
重点管理排污许可证申请模板

排污许可证申请表（试行）

（首次申请）

单位名称：×××× 有限公司
注册地址：×××××× 工业园区
行业类别：刨花板制造
生产经营场所地址：××××××××××
统一社会信用代码：××××××××××
法定代表人（主要负责人）：××
技术负责人：×××
固定电话：×××××××××
移动电话：××××××××××

企业盖章：
申请日期：××××年××月××日

一、排污单位基本情况

表 1　排污单位基本信息表

单位名称	××××有限公司	注册地址	×××××× 工业园区
生产经营场所地址	××××××××××	邮政编码[1]	063299
行业类别	刨花板制造	是否投产[2]	是
投产日期[3]	2018-01-01		
生产经营场所中心经度[4]	115°49′58.84″	生产经营场所中心纬度[5]	38°38′54.38″
组织机构代码	/	统一社会信用代码	××××××××××
技术负责人	×××	联系电话	××××××××××
所在地是否属于大气重点控制区[6]	否	所在地是否属于总磷控制区[7]	否
所在地是否属于总氮控制区[7]	否	所在地是否属于重金属污染特别排放限值实施区域[8]	否
是否位于工业园区[9]	是	所属工业园区名称	××××××工业园区
是否有环评审批文件	是	环境影响评价审批文件文号或备案编号[10]	省环评〔××××〕××号
是否有地方政府对违规项目的认定或备案文件[11]	否	认定或备案文件文号	
是否需要改正[12]	否	排污许可证管理类别[13]	重点管理
是否有主要污染物总量分配计划文件[14]	是	总量分配计划文件文号	市环函〔××××〕××号
颗粒物总量控制指标（t/a）	350	/	
挥发性有机物总量控制指标（t/a）	200	/	
氮氧化物总量控制指标（t/a）	450	/	

注：（1）指生产经营场所地址所在地邮政编码。
（2）2015 年 1 月 1 日起，正在建设过程中，或者已建成但尚未投产的，选“否”；已经建成投产并产生排污行为的，选“是”。
（3）指已投运的排污单位正式投产运行的时间，对于分期投运的排污单位，以先期投运时间为准。
（4）（5）指生产经营场所中心经纬度坐标，可通过排污许可管理信息平台中的 GIS 系统点选后自动生成经纬度。
（6）“大气重点控制区”指生态环境部关于大气污染特别排放限值的执行范围。
（7）总磷、总氮控制区是指《国务院关于印发“十三五”生态环境保护规划的通知》（国发〔2016〕65 号）以及生态环境部相关文件中确定的需要对总磷、总氮进行总量控制的区域。
（8）是指各省根据《土壤污染防治行动计划》确定重金属污染排放限值的矿产资源开发活动集中的区域。
（9）是指各级人民政府设立的工业园区、工业集聚区等。
（10）是指环境影响评价报告书、报告表的审批文件号，或者是环境影响评价登记表的备案编号。
（11）对于按照《国务院关于化解产能严重过剩矛盾的指导意见》（国发〔2013〕41 号）和《国务院办公厅关于加强环境监管执法的通知》（国办发〔2014〕56 号）要求，经地方政府依法处理、整顿规范并符合要求的项目，须列出证明符合要求的相关文件名和文号。
（12）指首次申请排污许可证时，存在未批先建或不具备达标排放能力的，且受到生态环境部门处罚的排污单位，应选择“是”，其他选“否”。
（13）排污单位属于《固定污染源排污许可分类管理名录》中排污许可重点管理的，应选择“重点”，简化管理的选择“简化”。
（14）对于有主要污染物总量控制指标计划的排污单位，须列出相关文件文号（或者其他能够证明排污单位污染物排放总量控制指标的文件和法律文书），并列出上一年主要污染物总量指标；对于总量指标中包括自备电厂的排污单位，应当在备注栏对自备电厂进行单独说明。

二、排污单位登记信息

（一）主要产品及产能

表 2　主要产品及产能信息表

序号	生产线类型	生产线编号	产品名称	计量单位	设计生产能力	设计年生产时间（h）	其他产品信息
1	刨花板	SCX001	刨花板	m^3/a	300 000	6 750	

表 2-1　主要产品及产能信息补充表

序号	生产线类型	生产线编号	主要生产单元名称	主要工艺名称	生产设施名称	生产设施编号	设施参数				其他设施信息	其他工艺信息
							参数名称	计量单位	设计值	其他设施参数信息		
1	刨花板	SCX001	木片生产与分选净化工段	削片	削片机	MF0001	功率	kW	800			
							生产能力	m^3/h	150			
			刨花生产工段	刨片	刨片机	MF0002	功率	kW	400			
							风量	m^3/h	25 000			
							生产能力	m^3/h	8 000			
						MF0003	生产能力	m^3/h	8 000			
							功率	kW	400			
							风量	m^3/h	25 000			
						MF0004	功率	kW	400			
							生产能力	m^3/h	8 000			
							风量	m^3/h	25 000			
			刨花干燥工段	干燥	刨花干燥机	MF0005	风量	m^3/h	280 000			
							生产能力	kg/h	36 000			
			调（施）胶工段	拌胶	表层拌胶机	MF0006	功率	kW	50			
							生产能力	t/h	6			
					芯层拌胶机	MF0007	功率	kW	50			
							生产能力	t/h	6			

序号	生产线类型	生产线编号	主要生产单元名称	主要工艺名称	生产设施名称	生产设施编号	设施参数				其他设施信息	其他工艺信息
							参数名称	计量单位	设计值	其他设施参数信息		
1	刨花板	SCX001	分选工段	气流分选	气流分选机（表层刨花）	MF0009	生产能力	kg/h	15 000			
							风量	m^3/h	25 000			
					气流分选机（芯层刨花）	MF0010	生产能力	kg/h	20 000			
							风量	m^3/h	25 000			
			分选工段	筛选	刨花筛选机	MF0011	功率	kW	500			
							生产能力	kg/h	8 000			
			铺装工段	铺装	表层铺装机	MF0012	生产能力	m^3/h	90			
							风量	m^3/h	40 000			
							功率	kW	50			
					芯层铺装机	MF0013	风量	m^3/h	40 000			
							生产能力	m^3/h	90			
							功率	kW	50			
			热压工段	预压	预压机	MF0014	工作宽度	mm	2 800			
							功率	kW	200			
							工作长度	mm	3 760			
			热压工段	热压	热压机	MF0015	工作宽度	mm	2 800			
							工作长度	mm	3 760			
							功率	kW	300			
					热压机尾气排放系统（头部）	MF0016	风量	m^3/h	20 000			
					热压机尾气排放系统（尾部）	MF0017	风量	m^3/h	80 000			

序号	生产线类型	生产线编号	主要生产单元名称	主要工艺名称	生产设施名称	生产设施编号	设施参数				其他设施信息	其他工艺信息
							参数名称	计量单位	设计值	其他设施参数信息		
1	刨花板	SCX001	毛板加工工段	齐边、分割	齐边横截锯	MF0018	功率	kW	90	/		
							风量	m^3/h	30 000	/		
			毛板加工工段	冷却	冷却翻板机	MF0019	功率	kW	30	/		
			砂光与裁板工段	砂光	砂光机	MF0020	功率	kW	500	/		
							风量	m^3/h	70 000			
			砂光与裁板工段	裁板	规格锯	MF0021	风量	m^3/h	32 000	/		
			公共单元	/	泵房	MF0023	供水量	m^3/h	25	/	/	供水工程
			公共单元	/	热能中心	MF0022	额定出力	MW	60	/	/	供热工程

注：（1）指主要生产单元所采用的工艺名称。

（2）指某生产单元中主要生产设施（设备）名称。

（3）指设施（设备）的设计规格参数，包括参数名称、设计值和计量单位。

（4）指相应工艺中主要产品名称。

（5）（6）指相应工艺中主要产品设计产能。

（7）指设计年生产时间。

（二）主要原辅材料及燃料

表 3 主要原辅材料及燃料信息表

序号	种类[1]	名称[2]	年最大使用量	计量单位[3]	固体含量（%）	挥发性有机物含量（%）	密度（g/cm^3）	其他信息
原料及辅料								
1	辅料	固化剂	200	t	40	0.45	1.05	
	辅料	缓冲剂	210	t	45	0.45	1.02	
	辅料	胶黏剂—脲醛树脂	35 000	t	55	0.35	1.1	
	辅料	乳化剂	500	t	/	/	0.9	
	原料	枝丫材	420 000	m^3/h	/	/	45	

燃料

序号	燃料类型	燃料名称	年最大使用量	计量单位	灰分（%）	硫分（%）	挥发分（%）	低位热值（kJ/kg）	汞（μg/g）	其他信息
1	固体燃料	生物质燃料	60 000	t	2.5	0.02	60	15 070	0	/

注：（1）指材料种类，选填“原料”或“辅料”。

（2）指原料、辅料名称。

（3）指万 t/a、万 m^3/a 等。

（三）产排污节点、污染物及污染治理设施

表 4　废气产排污节点、污染物及污染治理设施信息表

序号	主要生产单元	产污设施编号	产污设施名称[(1)]	对应产污环节名称[(2)]	污染物种类[(3)]	排放形式[(4)]	污染治理设施						有组织排放口名称	有组织排放口编号[(6)]	排放口设置是否符合要求[(7)]	排放口类型	其他信息
							污染治理设施编号	污染治理设施名称[(5)]	污染治理设施工艺	设计处理效率（%）	是否为可行技术	污染治理设施其他信息					
1	铺装工段	MF0012	表层铺装机	除尘器废气	颗粒物	有组织	TA001	除尘系统	旋风分离	80	是	/	铺装废气排放口	DA001	是	一般排放口	/
2	铺装工段	MF0013	芯层铺装机	除尘器废气	颗粒物	有组织	TA002	除尘系统	旋风分离	85	是	/	铺装废气排放口	DA002	是	一般排放口	/
3	刨花干燥工段	MF0005	刨花干燥机	干燥尾气	颗粒物	有组织	TA005	除尘系统	旋风分离，湿处理	95	是	/	干燥尾气排放口	DA005	是	主要排放口	/
				干燥尾气	挥发性有机物	有组织	TA006	有机废气处理系统	湿法静电除尘	95	是	/	干燥尾气排放口	DA005	是	主要排放口	/
				干燥尾气	氮氧化物	有组织	TA007	脱硝系统	选择性催化还原技术（SCR）	90	是	/	干燥尾气排放口	DA005	是	主要排放口	/
4	分选工段	MF0009	气流分选机（表层刨花）	除尘器废气	颗粒物	有组织	TA008	除尘系统	旋风分离	85	是	/	表层气流分选废气排放口	DA008	是	一般排放口	/
5	分选工段	MF0010	气流分选机（芯层刨花）	除尘器废气	颗粒物	有组织	TA009	除尘系统	旋风分离	85	是	/	芯层气流分选废气排放口	DA009	是	一般排放口	/

序号	主要生产单元	产污设施编号	产污设施名称(1)	对应产污环节名称(2)	污染物种类(3)	排放形式(4)	污染治理设施						有组织排放口名称	有组织排放口编号(6)	排放口设置是否符合要求(7)	排放口类型	其他信息
							污染治理设施编号	污染治理设施名称(5)	污染治理设施工艺	设计处理效率（%）	是否为可行技术	污染治理设施其他信息					
6	热压工段	MF0017	热压机尾气排放系统（尾部）	热压尾气	甲醛	有组织	TA010	有机废气处理系统	焚烧	95	是	/		/			送至热能中心燃烧
				热压尾气	颗粒物	有组织	TA011	除尘系统	焚烧	95	是	/		/			送至热能中心燃烧
				热压尾气	挥发性有机物	有组织	TA012	有机废气处理系统	焚烧	95	是	/		/			送至热能中心燃烧
7	热压工段	MF0016	热压机尾气排放系统（头部）	热压尾气	甲醛	有组织	TA013	有机废气处理系统	焚烧	95	是	/		/			送至热能中心燃烧
				热压尾气	颗粒物	有组织	TA014	除尘系统	焚烧	95	是	/		/			送至热能中心燃烧
				热压尾气	挥发性有机物	有组织	TA015	有机废气处理系统	焚烧	95	是	/		/			送至热能中心燃烧

序号	主要生产单元	产污设施编号	产污设施名称[1]	对应产污环节名称[2]	污染物种类[3]	排放形式[4]	污染治理设施						有组织排放口名称	有组织排放口编号[6]	排放口设置是否符合要求[7]	排放口类型	其他信息
							污染治理设施编号	污染治理设施名称[5]	污染治理设施工艺	设计处理效率（%）	是否为可行技术	污染治理设施其他信息					
8	木片生产与分选净化工段	MF0001	削片机	其他	颗粒物	无组织	/	/				/					/
9	砂光与裁板工段	MF0020	砂光机	除尘器废气	颗粒物	有组织	TA016	除尘系统	布袋除尘、旋风分离	80	是	/	砂光机废气排放口	DA010	是	一般排放口	/
10	砂光与裁板工段	MF0021	规格锯	除尘器废气	颗粒物	有组织	TA017	旋风布袋除尘器	旋风分离、布袋除尘	85	是	/	规格锯废气排放口	DA004	是	一般排放口	/
11	毛板加工工段	MF0018	齐边横截锯	除尘器废气	颗粒物	有组织	TA018	旋风布袋除尘器	旋风分离、布袋除尘	85	是	/	齐边横截锯废气排放口	DA003	是	一般排放口	/
12	调（施）胶工段	MF0006	表层拌胶机	调（施）胶废气	挥发性有机物	无组织	/					/					/
13	调（施）胶工段	MF0007	芯层拌胶机	调（施）胶废气	挥发性有机物	无组织	/					/					/

注：（1）指主要生产设施。

（2）指生产设施对应的主要产污环节名称。

（3）以相应排放标准中确定的污染因子为准。

（4）指有组织排放或无组织排放。

（5）污染治理设施名称，对于有组织废气，以火电行业为例，污染治理设施名称包括三电场静电除尘器、四电场静电除尘器、普通袋式除尘器、覆膜滤料袋式除尘器等。

（6）排放口编号可按照地方生态环境主管部门现有编号进行填写或者由排污单位自行编制。

（7）指排放口设置是否符合排污口规范化整治技术要求等相关文件的规定。

表 5　废水类别、污染物及污染治理设施信息表

序号	废水类别[1]	污染物种类[2]	污染治理设施						排放去向[3]	排放方式	排放规律[4]	排放口编号[6]	排放口名称	排放口设置是否符合要求[7]	排放口类型	其他信息
			污染治理设施编号	污染治理设施名称[5]	污染治理设施工艺	设计处理水量（t/h）	是否为可行技术	污染治理设施其他信息								
1	生活污水	化学需氧量，氨氮（NH_3-N），总氮（以N计），总磷（以P计），pH值，色度，五日生化需氧量，悬浮物	/					/	进入城市污水处理厂	无	连续排放，流量不稳定，但有周期性规律					/

注：（1）指产生废水的工艺、工序，或废水类型的名称。

（2）以相应排放标准中确定的污染因子为准。

（3）包括不外排；排至厂内综合污水处理站；直接进入海域；直接进入江河、湖、库等水环境；进入城市下水道（再入江河、湖、库）；进入城市下水道（再入沿海海域）；进入城市污水处理厂；直接进入污灌农田；进入地渗或蒸发地；进入其他单位；工业废水集中处理厂；其他（包括回喷、回填、回灌、回用等）。对于工艺、工序产生的废水，“不外排”指全部在工序内部循环使用，“排至厂内综合污水处理站”指工序废水经处理后排至综合处理站。对于综合污水处理站，“不外排”指全厂废水经处理后全部回用不排放。

（4）包括连续排放，流量稳定；连续排放，流量不稳定，但有周期性规律；连续排放，流量不稳定，但有规律，且不属于周期性规律；连续排放，流量不稳定，属于冲击型排放；连续排放，流量不稳定且无规律，但不属于冲击型排放；间断排放，排放期间流量稳定；间断排放，排放期间流量不稳定，但有周期性规律；间断排放，排放期间流量不稳定，但有规律，且不属于非周期性规律；间断排放，排放期间流量不稳定，属于冲击型排放；间断排放，排放期间流量不稳定且无规律，但不属于冲击型排放。

（5）指主要污水处理设施名称，如“综合污水处理站”“生活污水处理系统”等。

（6）排放口编号可按地方环境管理部门现有编号进行填写或由排污单位根据国家相关规范进行编制。

（7）指排放口设置是否符合排污口规范化整治技术要求等相关文件的规定。

三、大气污染物排放

（一）排放口

表 6　大气排放口基本情况表

序号	排放口编号	排放口名称	污染物种类	排放口地理坐标[1]		排气筒高度（m）	排气筒出口内径（m）[2]	排气温度（℃）	其他信息
				经度	纬度				
1	DA001	铺装废气排放口	颗粒物	118°11′43.44″	39°37′1.34″	20	0.8	常温	/
2	DA002	铺装废气排放口	颗粒物	118°10′22.62″	39°38′18.46″	20	0.8	常温	/
3	DA003	齐边横截锯废气排放口	颗粒物	118°10′1.42″	39°38′2.33″	20	0.8	常温	/
4	DA004	规格锯废气排放口	颗粒物	118°9′56.38″	39°38′35.05″	20	0.8	常温	/
5	DA005	干燥尾气排放口	挥发性有机物，颗粒物，氮氧化物	118°10′14.27″	39°38′36.96″	40	3	55	/
6	DA008	表层气流分选废气排放口	颗粒物	118°11′17.27″	39°37′31.08″	20	0.8	常温	/
7	DA009	芯层气流分选废气排放口	颗粒物	118°8′22.34″	39°37′11.03″	20	0.8	常温	/
8	DA010	砂光机废气排放口	颗粒物	118°9′20.88″	39°38′16.12″	20	0.8	常温	/

注：（1）指排气筒所在地经纬度坐标，可通过排污许可管理信息平台中的 GIS 系统点选后自动生成经纬度。

（2）对于不规则形状排气筒，填写等效内径。

表 7 废气污染物排放执行标准表

序号	排放口编号	排放口名称	污染物种类	国家或地方污染物排放标准[1]			环境影响评价批复要求[2]	承诺更加严格排放限值[3]	其他信息
				名称	浓度限值	速率限值（kg/h）			
1	DA001	铺装废气排放口	颗粒物	《大气污染物综合排放标准》（GB 16297—1996）	120 mg/Nm^3	5.9	120 mg/Nm^3	/mg/Nm^3	/
2	DA002	铺装废气排放口	颗粒物	《大气污染物综合排放标准》（GB 16297—1996）	120 mg/Nm^3	5.9	120 mg/Nm^3	/mg/Nm^3	/
3	DA003	齐边横截锯废气排放口	颗粒物	《大气污染物综合排放标准》（GB 16297—1996）	120 mg/Nm^3	5.9	120 mg/Nm^3	/mg/Nm^3	/
4	DA004	规格锯废气排放口	颗粒物	《大气污染物综合排放标准》（GB 16297—1996）	120 mg/Nm^3	5.9	120 mg/Nm^3	/mg/Nm^3	/
5	DA005	干燥尾气排放口	挥发性有机物	《大气污染物综合排放标准》（GB 16297—1996）	120 mg/Nm^3	40	120 mg/Nm^3	/mg/Nm^3	/
6	DA005	干燥尾气排放口	颗粒物	《大气污染物综合排放标准》（GB 16297—1996）	120 mg/Nm^3	39	120 mg/Nm^3	/mg/Nm^3	/
7	DA005	干燥尾气排放口	氮氧化物	《大气污染物综合排放标准》（GB 16297—1996）	240 mg/Nm^3	7.5	240 mg/Nm^3	/mg/Nm^3	/
8	DA008	表层气流分选废气排放口	颗粒物	《大气污染物综合排放标准》（GB 16297—1996）	120 mg/Nm^3	5.9	120 mg/Nm^3	/mg/Nm^3	/
9	DA009	芯层气流分选废气排放口	颗粒物	《大气污染物综合排放标准》（GB 16297—1996）	120 mg/Nm^3	5.9	120 mg/Nm^3	/mg/Nm^3	/
10	DA010	砂光机废气排放口	颗粒物	《大气污染物综合排放标准》（GB 16297—1996）	120 mg/Nm^3	5.9	120 mg/Nm^3	/mg/Nm^3	/

注：（1）指对应排放口须执行的国家或地方污染物排放标准的名称、编号及浓度限值。

（2）新增污染源必填。

（3）如火电厂超低排放浓度限值。

（二）有组织排放信息

表 8　大气污染物有组织排放表

序号	排放口编号	排放口名称	污染物种类	申请许可排放浓度限值	申请许可排放速率限值（kg/h）	申请年许可排放量限值（t/a）					申请特殊排放浓度限值[1]	申请特殊时段许可排放量限值[2]
						第一年	第二年	第三年	第四年	第五年		
主要排放口												
1	DA005	干燥尾气排放口	挥发性有机物	120 mg/Nm³	40	150	150	150	/	/	/mg/Nm³	/
2	DA005	干燥尾气排放口	颗粒物	120 mg/Nm³	39	244.26	244.26	244.26	/	/	/mg/Nm³	/
3	DA005	干燥尾气排放口	氮氧化物	240 mg/Nm³	7.5	420	420	420	/	/	/mg/Nm³	/
主要排放口合计			颗粒物			244.260 000	244.260 000	244.260 000			/	/
			SO_2								/	/
			NO_x			420	420	420			/	/
			VOCs			150	150	150			/	/
			甲醛								/	/
一般排放口												
1	DA001	铺装废气排放口	颗粒物	120 mg/Nm³	5.9	/	/	/	/	/	/mg/Nm³	/
2	DA002	铺装废气排放口	颗粒物	120 mg/Nm³	5.9	/	/	/	/	/	/mg/Nm³	/
3	DA003	齐边横截锯废气排放口	颗粒物	120 mg/Nm³	5.9	/	/	/	/	/	/mg/Nm³	/
4	DA004	规格锯废气排放口	颗粒物	120 mg/Nm³	5.9	/	/	/	/	/	/mg/Nm³	/

序号	排放口编号	排放口名称	污染物种类	申请许可排放浓度限值	申请许可排放速率限值（kg/h）	申请年许可排放量限值（t/a）					申请特殊排放浓度限值[1]	申请特殊时段许可排放量限值[2]
						第一年	第二年	第三年	第四年	第五年		
一般排放口												
5	DA008	表层气流分选废气排放口	颗粒物	120 mg/Nm^3	5.9	/	/	/	/	/	/mg/Nm^3	/
6	DA009	芯层气流分选废气排放口	颗粒物	120 mg/Nm^3	5.9	/	/	/	/	/	/mg/Nm^3	/
7	DA010	砂光机废气排放口	颗粒物	120 mg/Nm^3	5.9	/	/	/	/	/	/mg/Nm^3	/
一般排放口合计			颗粒物			/	/	/	/	/	/	/
			SO_2			/	/	/	/	/	/	/
			NO_x			/	/	/	/	/	/	/
			VOCs			/	/	/	/	/	/	/
			甲醛			/	/	/	/	/	/	/
全厂有组织排放总计[3]												
全厂有组织排放总计			颗粒物			244.260 000	244.260 000	244.260 000			/	/
			SO_2								/	/
			NO_x			420	420	420			/	/
			VOCs			150	150	150			/	/
			甲醛								/	/

主要排放口备注信息
/
一般排放口备注信息
/
全厂排放口备注信息
/

注：（1）（2）指地方政府制定的环境质量限期达标规划、重污染天气应对措施中对排污单位有更加严格的排放控制要求。

（3）“全厂有组织排放总计”指的是主要排放口与一般排放口之和。

申请年排放量限值计算过程：（包括方法、公式、参数选取过程，以及计算结果的描述等内容）

1. 排放浓度 C_{ij} 取值：由于当颗粒物、氮氧化物、VOCs 执行《大气污染物综合排放标准》，所以颗粒物许可排放浓度限值取值为 120 mg/Nm^3，氮氧化物许可排放浓度限值取值为 240 mg/Nm^3，VOCs 许可排放浓度限值取值为 120 mg/Nm^3。

2. 刨花板产品密度为 630 kg/m^3，需进行基准排气量换算。

Q_{PB}=7 000×630/650=6 785 Nm^3/m^3 产品因此基准排气量 Q_i 取值为 6 785 Nm^3/m^3 产品。

3. 计算许可排放量

$E_{j\,主要排放口颗粒物}$=120×6785×30 万×10^{-9}=244.26 t/a；

$E_{j\,主要排放口氮氧化物}$=240×6785×30 万×10^{-9}=488.52 t/a；

$E_{j\,主要排放口\,VOCs}$=120×6785×30 万×10^{-9}=244.26 t/a。

4. 根据市环函〔20××〕××号总量分配计划文件，颗粒物许可排放量为 350 t，氮氧化物许可排放量为 450 t，VOCs 许可排放量为 200 t；根据环境影响评价审批文件省环评〔20××〕××号，颗粒物许可排放量为 360 t，氮氧化物许可排放量为 420 t，VOCs 许可排放量为 150 t；许可排放量限值以计算值、总量分配计划文件、环境影响评价审批文件三者取严：

$E_{j\,主要排放口颗粒物}$=244.26 t/a；

$E_{j\,主要排放口氮氧化物}$=420 t/a；

$E_{j\,主要排放口\,VOCs}$=150 t/a。

申请特殊时段许可排放量限值计算过程：（包括方法、公式、参数选取过程，以及计算结果的描述等内容）

（三）无组织排放信息

表 9 大气污染物无组织排放表

序号	生产设施编号/无组织排放编号	产污环节[1]	污染物种类	主要污染防治措施	国家或地方污染物排放标准		其他信息	年许可排放量限值（t/a）					申请特殊时段许可排放量限值
					名称	浓度限值		第一年	第二年	第三年	第四年	第五年	
1	MF0006	调（施）胶废气	挥发性有机物		《大气污染物综合排放标准》（GB 16297—1996）	4.0 mg/Nm³	/	/	/	/	/	/	/
2	MF0006	调（施）胶废气	甲醛	/	《大气污染物综合排放标准》（GB 16297—1996）	0.2 mg/Nm³	/	/	/	/	/	/	/
3	MF0007	调（施）胶废气	甲醛	/	《大气污染物综合排放标准》（GB 16297—1996）	0.2 mg/Nm³	/	/	/	/	/	/	/
4	MF0007	调（施）胶废气	挥发性有机物		《大气污染物综合排放标准》（GB 16297—1996）	4.0 mg/Nm³	/	/	/	/	/	/	/
5	MF0001	其他	颗粒物	/	《大气污染物综合排放标准》（GB 16297—1996）	1.0 mg/Nm³	/	/	/	/	/	/	/
全厂无组织排放总计													
全厂无组织排放总计			颗粒物					/	/	/	/	/	/
			SO_2					/	/	/	/	/	/
			NO_x					/	/	/	/	/	/
			VOCs					/	/	/	/	/	/
			甲醛					/	/	/	/	/	/

注：（1）主要可以分为设备与管线组件泄漏、储罐泄漏、装卸泄漏、废水集输贮存处理、原辅材料堆存及转运、循环水系统泄漏等环节。

（四）企业大气排放总许可量

表 10　企业大气排放总许可量

序号	污染物种类	第一年（t/a）	第二年（t/a）	第三年（t/a）	第四年（t/a）	第五年（t/a）
1	颗粒物	244.26	244.26	244.26	/	/
2	SO_2	/	/	/	/	/
3	NO_x	420	420	420	/	/
4	VOCs	150	150	150	/	/
5	甲醛	/	/	/	/	/

企业大气排放总许可量备注信息
/

四、水污染物排放

（一）排放口

表 11　废水直接排放口基本情况表

序号	排放口编号	排放口名称	排放口地理坐标[1]		排放去向	排放规律	间歇排放时段	受纳自然水体信息		汇入受纳自然水体处地理坐标[4]		其他信息
			经度	纬度				名称[2]	受纳水体功能目标[3]	经度	纬度	

注：（1）对于直接排放至地表水体的排放口，指废水排出厂界处经纬度坐标；
可手工填写经纬度，也可通过排污许可证管理信息平台中的 GIS 系统点选后自动生成经纬度。
（2）指受纳水体的名称，如南沙河、太子河、温榆河等。
（3）指对于直接排放至地表水体的排放口，其所处受纳水体功能类别，如Ⅲ类、Ⅳ类、Ⅴ类等。
（4）对于直接排放至地表水体的排放口，指废水汇入地表水体处经纬度坐标；
可通过排污许可证管理信息平台中的 GIS 系统点选后自动生成经纬度。
（5）废水向海洋排放的，应当填写岸边排放或深海排放。深海排放的，还应说明排污口的深度、与岸线直线距离。在备注中填写。

表 12　废水间接排放口基本情况表

序号	排放口编号	排放口名称	排放口地理坐标[1]		排放去向	排放规律	间歇排放时段	受纳污水处理厂信息			
			经度	纬度				名称[2]	污染物种类	排水协议规定的浓度限值[3]	国家或地方污染物排放标准浓度限值[4]

注：（1）对于排至厂外城镇或工业污水集中处理设施的排放口，指废水排出厂界处经纬度坐标；对纳入管控的车间或者生产设施排放口，指废水排出车间或者生产设施边界处经纬度坐标；可通过排污许可证管理信息平台中的 GIS 系统点选后自动生成经纬度。
（2）指厂外城镇或工业污水集中处理设施名称，如酒仙桥生活污水处理厂、宏兴化工园区污水处理厂等。
（3）属于选填项，指排污单位与受纳污水处理厂等协商的污染物排放浓度限值要求。
（4）指污水处理厂废水排入环境水体时应当执行的国家或地方污染物排放标准浓度限值（mg/L）。

表 13　废水污染物排放执行标准表

序号	排放口编号	排放口名称	污染物种类	国家或地方污染物排放标准[1]		排水协议规定的浓度限值（如有）[2]	环境影响评价批复要求[3]	承诺更加严格排放限值	其他信息
				名称	浓度限值				

注：（1）指对应排放口须执行的国家或地方污染物排放标准的名称及浓度限值。
（2）属于选填项，指排污单位与受纳污水处理厂等协商的污染物排放浓度限值要求。
（3）新增污染源必填。

（二）申请排放信息

表 14　废水污染物排放

序号	排放口编号	排放口名称	污染物种类	申请排放浓度限值	申请年排放量限值（t/a）[1]					申请特殊时段排放量限值
					第一年	第二年	第三年	第四年	第五年	
主要排放口										
主要排放口合计			COD_{Cr}		/	/	/	/	/	/
			氨氮		/	/	/	/	/	/
			pH		/	/	/	/	/	/
			色度		/	/	/	/	/	/
			悬浮物		/	/	/	/	/	/
			总氮（以 N 计）		/	/	/	/	/	/
			总磷（以 P 计）		/	/	/	/	/	/
			甲醛		/	/	/	/	/	/

序号	排放口编号	排放口名称	污染物种类	申请排放浓度限值	申请年排放量限值（t/a）[1]					申请特殊时段排放量限值
					第一年	第二年	第三年	第四年	第五年	
一般排放口										
一般排放口合计			COD_{Cr}		/	/	/	/	/	/
			氨氮		/	/	/	/	/	/
			pH		/	/	/	/	/	/
			色度		/	/	/	/	/	/
			悬浮物		/	/	/	/	/	/
			总氮（以 N 计）		/	/	/	/	/	/
			总磷（以 P 计）		/	/	/	/	/	/
			甲醛		/	/	/	/	/	/
全厂排放口源										
全厂排放口总计			COD_{Cr}		/	/	/	/	/	/
			氨氮		/	/	/	/	/	/
			pH		/	/	/	/	/	/
			色度		/	/	/	/	/	/
			悬浮物		/	/	/	/	/	/
			总氮（以 N 计）		/	/	/	/	/	/
			总磷（以 P 计）		/	/	/	/	/	/
			甲醛		/	/	/	/	/	/

主要排放口备注信息
/
一般排放口备注信息
/
全厂排放口备注信息
/

注：（1）排入城镇集中污水处理设施的生活污水无须申请许可排放量。

申请年排放量限值计算过程：（包括方法、公式、参数选取过程，以及计算结果的描述等内容）

/

申请特殊时段许可排放量限值计算过程：（包括方法、公式、参数选取过程，以及计算结果的描述等内容）

/

五、噪声排放信息

表 15 噪声排放信息

噪声类别	生产时段		执行排放标准名称	厂界噪声排放限值		备注
	昼间	夜间		昼间[dB（A）]	夜间[dB（A）]	
稳态噪声	至	至				
频发噪声						
偶发噪声						

六、固体废物排放信息

表 16 固体废物排放信息

固体废物来源	固体废物名称	固体废物种类	固体废物类别	固体废物描述	固体废物产生量（t/a）	固体废物处理方式	固体废物综合利用处理量（t/a）	固体废物处置量（t/a）	固体废物贮存量（t/a）	固体废物排放量（t/a）	备注

七、环境管理要求

（一）自行监测

表 17　自行监测及信息记录表

序号	污染源类别/监测类别	排放口编号/监测点位	排放口名称/监测点位名称	监测内容[1]	污染物名称	监测设施	自动监测是否联网	自动监测仪器名称	自动监测设施安装位置	自动监测设施是否符合安装、运行、维护等管理要求	手工监测采样方法及个数[2]	手工监测频次[3]	手工测定方法[4]	其他信息
1	废气	DA001	铺装废气排放口	烟气温度，烟气流速，烟气压力，湿度	颗粒物	手工					非连续采样，至少 4 个	1 次/a	《固定污染源排气中颗粒物测定与气态污染物采样方法》（GB/T 16157—1996）	/
2	废气	DA002	铺装废气排放口	烟气温度，烟气流速，烟气压力，湿度	颗粒物	手工					非连续采样，至少 4 个	1 次/a	《固定污染源排气中颗粒物测定与气态污染物采样方法》（GB/T 16157—1996）	/
3	废气	DA003	齐边横截锯废气排放口	烟气温度，烟气流速，烟气压力，湿度	颗粒物	手工					非连续采样，至少 4 个	1 次/a	《固定污染源排气中颗粒物测定与气态污染物采样方法》（GB/T 16157—1996）	/
4	废气	DA004	规格锯废气排放口	烟气温度，烟气流速，烟气压力，湿度	颗粒物	手工					非连续采样，至少 4 个	1 次/a	《固定污染源排气中颗粒物测定与气态污染物采样方法》（GB/T 16157—1996）	/

序号	污染源类别/监测类别	排放口编号/监测点位	排放口名称/监测点位名称	监测内容[1]	污染物名称	监测设施	自动监测是否联网	自动监测仪器名称	自动监测设施安装位置	自动监测设施是否符合安装、运行、维护等管理要求	手工监测采样方法及个数[2]	手工监测频次[3]	手工测定方法[4]	其他信息
5	废气	DA005	干燥尾气排放口	氧含量，烟气温度，烟气流速，烟气压力，湿度	氮氧化物	自动	是	Optima7 烟气分析仪	排气筒	是	非连续采样，至少 4 个	每天不少于 4 次，间隔不超过 6 h	《固定污染源废气 氮氧化物的测定 定电位电解法》（HJ 693—2014）	/
6	废气	DA005	干燥尾气排放口	氧含量，烟气温度，烟气流速，烟气压力，湿度	挥发性有机物	自动	是	SP-3420A 气相色谱仪	排气筒	是	非连续采样，至少 4 个	每天不少于 4 次，间隔不超过 6 h	《固定污染源废气 总烃、甲烷和非甲烷总烃的测定 气相色谱法》（HJ 38—2017）	/
7	废气	DA005	干燥尾气排放口	氧含量，烟气温度，烟气流速，烟气压力，湿度	颗粒物	自动	是	SQPQUSNTIX35-1CN 万分之一天平	排气筒	是	非连续采样，至少 4 个	每天不少于 4 次，间隔不超过 6 h	《固定污染源排气中颗粒物测定与气态污染物采样方法》（GB/T 16157—1996）	/
8	废气	DA008	表层气流分选废气排放口	烟气温度，烟气流速，烟气压力，湿度	颗粒物	手工					非连续采样，至少 4 个	1 次/a	《固定污染源排气中颗粒物测定与气态污染物采样方法》（GB/T 16157—1996）	/
9	废气	DA009	芯层气流分选废气排放口	烟气温度，烟气流速，烟气压力，湿度	颗粒物	手工					非连续采样，至少 4 个	1 次/a	《固定污染源排气中颗粒物测定与气态污染物采样方法》（GB/T 16157—1996）	/
10	废气	DA010	砂光机废气排放口	烟气温度，烟气流速，烟气压力，湿度	颗粒物	手工					非连续采样，至少 4 个	1 次/a	《固定污染源排气中颗粒物测定与气态污染物采样方法》（GB/T 16157—1996）	/

序号	污染源类别/监测类别	排放口编号/监测点位	排放口名称/监测点位名称	监测内容[1]	污染物名称	监测设施	自动监测是否联网	自动监测仪器名称	自动监测设施安装位置	自动监测设施是否符合安装、运行、维护等管理要求	手工监测采样方法及个数[2]	手工监测频次[3]	手工测定方法[4]	其他信息
11	废气	厂界		湿度，温度，气压，风速	甲醛	手工					非连续采样，至少4个	1次/a	《空气质量甲醛的测定　乙酰丙酮分光光度法》（GB/T 15516）	/
12	废气	厂界		湿度，温度，气压，风速	颗粒物	手工					非连续采样，至少4个	1次/a	《固定污染源排气中颗粒物测定与气态污染物采样方法》（GB/T 16157—1996）	/
13	废气	厂界		湿度，温度，气压，风速	挥发性有机物	手工					非连续采样，至少4个	1次/a	《固定污染源废气总烃、甲烷和非甲烷总烃的预测　气相色谱法》（HJ 38）	/

注：（1）指气量、水量、温度、含氧量等项目。

（2）指污染物采样方法，如对于废水污染物："混合采样（3个、4个或5个混合）""瞬时采样（3个、4个或5个瞬时样）"；对于废气污染物："连续采样""非连续采样（3个或多个）"。

（3）指一段时期内的监测次数要求，如1次/周、1次/月等，对于规范要求填报自动监测设施的，在手工监测内容中填报自动在线监测出现故障时的手工频次。

（4）指污染物浓度测定方法，如"测定化学需氧量的重铬酸钾法""测定氨氮的水杨酸分光光度法"等。

（5）根据行业特点，如果需要对雨排水进行监测的，应当手动填写。

监测质量保证与质量控制要求：

严格执行国家、行业标准及法律法规的相关要求，监测实施全程序质量控制，监测人员经过考核并持证上岗，监测仪器设备经过计量鉴定/校准合格并在有效期内，现场采样条件在相对平稳的环境下进行，合格布设监测点位，保证监测点位的科学性，保证样品的代表性，样品的采集、运输和保存应符合监测技术规范要求。实验室分析应采取平行样，质控样和加标回收等措施进行质量控制，监测数据进行规范化处理并严格执行三级审核。

监测数据记录、整理、存档要求：

监测人员以严肃认真的态度对各项记录负责，及时记录，不以回忆的方式填写，原始记录上有采样人和校核人签名，各监测点位均拍照及GPS定位，以便对采样进行溯源。监测完成后，数据及时整理，报告至少存档5年，监测过程中生产工况正常进行，生产负荷达到75%以上，记录监测过程中生产工况、设施运行状态，监测单位、监测时间。

（二）环境管理台账记录

表 18 环境管理台账信息表

序号	类别	记录内容	记录频次	记录形式	其他信息
1	基本信息	企业名称、生产经营场所地址、行业类别、法定代表人、统一社会信用代码、生产工艺、生产规模、环保投资、排污权交易文件、环境影响评价审批意见及排污许可证编号	1 次/月	电子台账+纸质台账	/
2	监测记录信息	有组织废气（手工/在线）监测污染物监测时间、废气量、含氧量、污染物浓度、使用仪器、采样方法及个数、使用标准等；无组织废气污染物监测时间、污染物浓度、使用仪器、采样方法及个数、使用标准等	按自行监测要求频次记录	电子台账+纸质台账	/
3	其他环境管理信息	无组织废气污染防治设施运行、维护、管理相关的信息，包括特殊时段生产设施运行管理信息和污染防治设施运行管理信息；固体废物收集处置信息	1 次/d	电子台账+纸质台账	/
4	生产设施运行管理信息	生产设施编号名称、生产设施规格参数、运行状态、产品产量；原辅料名称、原辅料用量、原辅料有害元素成分占比；燃料名称及成分	1 次/班	电子台账+纸质台账	/
5	污染防治设施运行管理信息	废气除尘设施及其他防治设施名称、主要防治设施规格参数、运行状态、污染物排放情况；无组织排放源及排放情况；固体废物名称、产生量处理方式、固体废物去向；防治设施非正常情况起始终止时间、期间污染物排放情况事件原因、是否报告、应对措施	1 次/d	电子台账+纸质台账	/

八、补充登记信息

1. 主要产品信息

序号	行业类别	生产工艺名称	主要产品	主要产品产能	计量单位	备注

2. 燃料使用信息

序号	燃料类别	燃料名称	使用量	计量单位	备注

3. 涉 VOCs 辅料使用信息

序号	辅料类别	辅料名称	使用量	计量单位	备注

4. 废气排放信息

序号	废气排放形式	废气污染治理设施	治理工艺	数量	备注

序号	废气排放口名称	执行标准名称	数量	备注

5. 废水排放信息

序号	废水污染治理设施	治理工艺	数量	备注

序号	废水排放口名称	执行标准名称	排放去向	备注

6. 工业固体废物排放信息

序号	工业固废废物名称	是否属于危险废物	去向	备注

7. 其他需要说明的信息

/

九、有核发权的地方生态环境主管部门增加的管理内容（如需）

/

十、改正规定（如需）

表 19　改正规定信息表

序号	改正问题	改正措施	时限要求

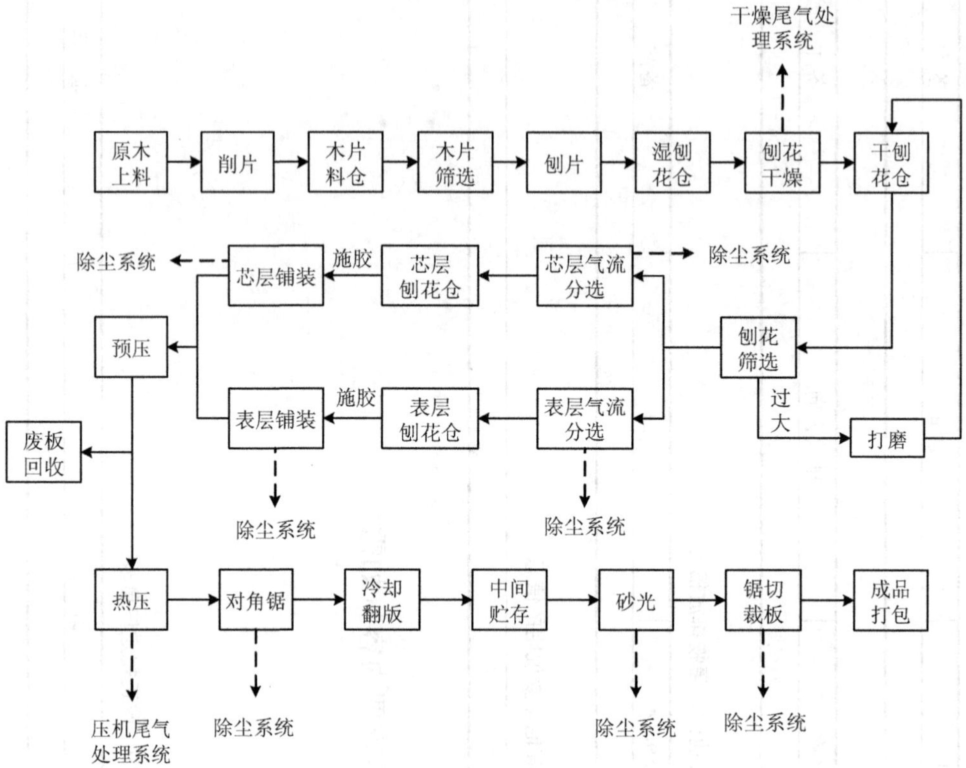
干燥尾气处理系统
原木上料
削片
木片料仓
木片筛选
刨片
湿刨花仓
刨花干燥
干刨花仓
除尘系统
芯层铺装
施胶
芯层刨花仓
芯层气流分选
除尘系统
预压
刨花筛选
表层铺装
施胶
表层刨花仓
表层气流分选
过大
废板回收
打磨
除尘系统
除尘系统
热压
对角锯
冷却翻版
中间贮存
砂光
锯切裁板
成品打包
压机尾气处理系统
除尘系统
除尘系统
除尘系统

图 1　生产工艺流程

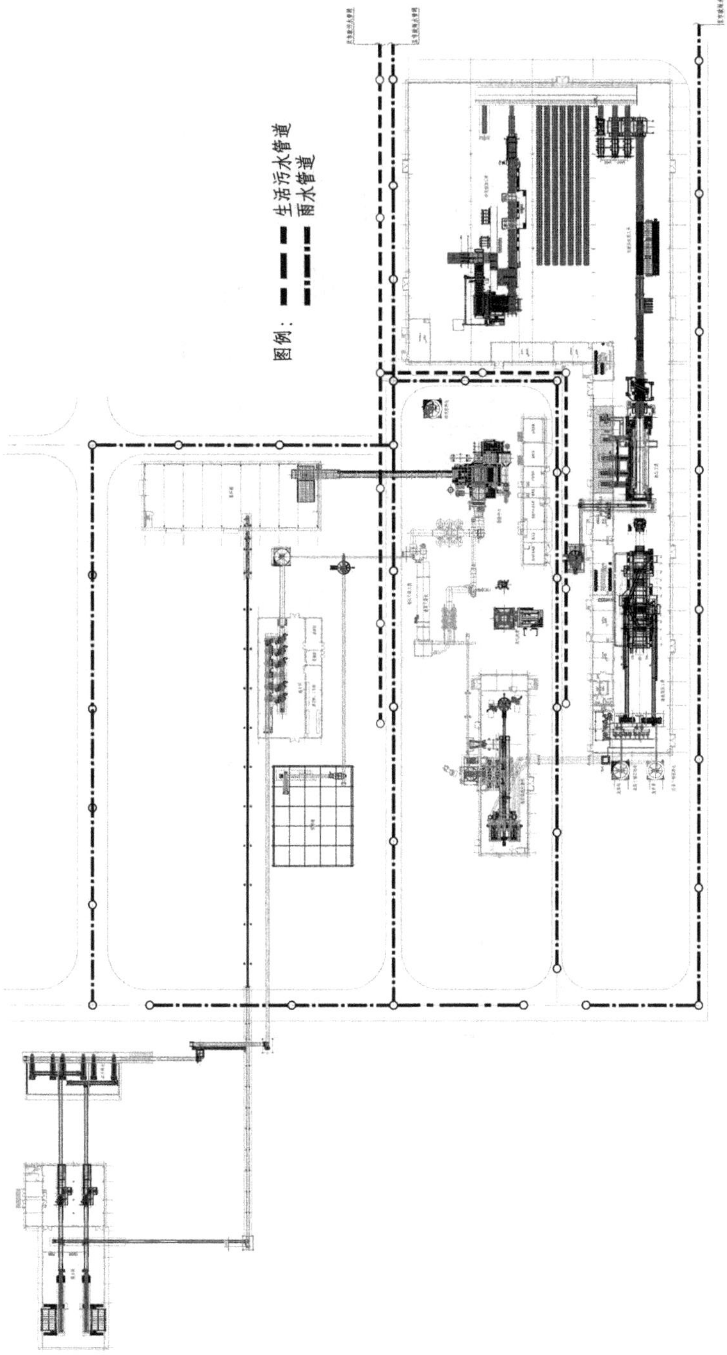

图2 生产厂区总平面布置图

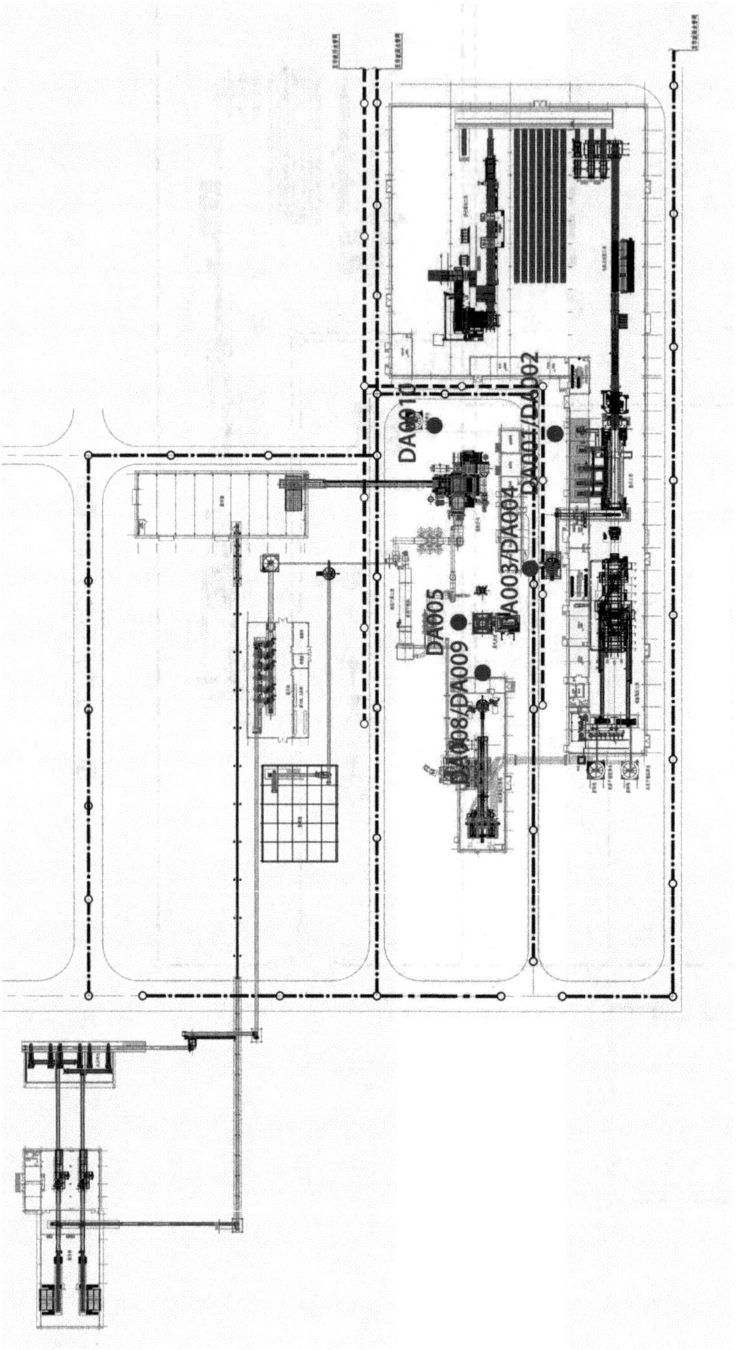

图 3　监测点位示意图

附录 3
简化管理排污许可证申请模板

排污许可证申请表（试行）

（首次申请）

单位名称：××× 胶合板厂
注册地址：×××
行业类别：胶合板制造，热力生产和供应
生产经营场所地址：×××
统一社会信用代码：××××××××××××××××××
法定代表人（主要负责人）：××
技术负责人：××
固定电话：××××××××××××
移动电话：××××××××××××

企业盖章：
申请日期：××××年××月××日

一、排污单位基本情况

表 1　排污单位基本信息表

单位名称	×××胶合板厂	注册地址	×××
生产经营场所地址	×××	邮政编码 (1)	××××××
行业类别	胶合板制造，热力生产和供应	是否投产 (2)	是
投产日期 (3)	2018-01-10		
生产经营场所中心经度 (4)	109°35′41.39″	生产经营场所中心纬度 (5)	23°3′8.35″
组织机构代码		统一社会信用代码	×××××××××××××××××××
技术负责人	××	联系电话	×××××××××××
所在地是否属于大气重点控制区 (6)	否	所在地是否属于总磷控制区 (7)	否
所在地是否属于总氮控制区 (7)	否	所在地是否属于重金属污染特别排放限值实施区域 (8)	否
是否位于工业园区 (9)	是	所属工业园区名称	×××
是否有环评审批文件	是	环境影响评价审批文件文号或备案编号 (10)	省环评〔××××〕××号
是否有地方政府对违规项目的认定或备案文件 (11)	否	认定或备案文件文号	
是否需要改正 (12)	否	排污许可证管理类别 (13)	简化管理
是否有主要污染物总量分配计划文件 (14)	否）	总量分配计划文件文号	

注：（1）指生产经营场所地址所在地邮政编码。

（2）2015 年 1 月 1 日起，正在建设过程中，或者已建成但尚未投产的，选“否”；已经建成投产并产生排污行为的，选“是”。

（3）指已投运的排污单位正式投产运行的时间，对于分期投运的排污单位，以先期投运时间为准。

（4）（5）指生产经营场所中心经纬度坐标，可通过排污许可管理信息平台中的 GIS 系统点选后自动生成经纬度。

（6）“大气重点控制区”指生态环境部关于大气污染特别排放限值的执行范围。

（7）总磷、总氮控制区是指《国务院关于印发“十三五”生态环境保护规划的通知》（国发〔2016〕65 号）以及生态环境部相关文件中确定的需要对总磷、总氮进行总量控制的区域。

（8）是指各省根据《土壤污染防治行动计划》确定重金属污染排放限值的矿产资源开发活动集中的区域。

（9）是指各级人民政府设立的工业园区、工业集聚区等。

（10）是指环境影响评价报告书、报告表的审批文件号，或者是环境影响评价登记表的备案编号。

（11）对于按照《国务院关于化解产能严重过剩矛盾的指导意见》（国发〔2013〕41 号）和《国务院办公厅关于加强环境监管执法的通知》（国办发〔2014〕56 号）要求，经地方政府依法处理、整顿规范并符合要求的项目，须列出证明符合要求的相关文件名和文号。

（12）指首次申请排污许可证时，存在未批先建或不具备达标排放能力的，且受到生态环境部门处罚的排污单位，应选择“是”，其他选“否”。

（13）排污单位属于《固定污染源排污许可分类管理名录》中排污许可重点管理的，应选择“重点”，简化管理的选择“简化”。

（14）对于有主要污染物总量控制指标计划的排污单位，须列出相关文件文号（或者其他能够证明排污单位污染物排放总量控制指标的文件和法律文书），并列出上一年主要污染物总量指标；对于总量指标中包括自备电厂的排污单位，应当在备注栏对自备电厂进行单独说明。

二、排污单位登记信息

（一）主要产品及产能

表 2　主要产品及产能信息表

序号	主要生产单元名称	主要工艺名称[1]	生产设施名称[2]	生产设施编号	是否为备用锅炉	设施参数[3]				其他设施信息	产品（介质）名称[4]	生产能力[5]	计量单位[6]	设计年生产时间（h）[7]	其他产品信息	其他工艺信息
						参数名称	设计值	计量单位	其他设施参数信息							
1	热力生产单元	燃烧系统	燃生物质锅炉	MF020	否	锅炉额定出力	15	t/h			有机热载体	15	t/h	7200		
	储运和制备单元	贮存系统	储油罐	MF022	否	容积	25	m^3								
			燃料堆场	MF021	否	占地面积	500	m^2								
	储运和制备单元	输送系统	皮带运输机	MF023	否	输送量	3	t/h								
			燃料上料装置	MF024	否	输送量	3	t/h								

序号	生产线类型	生产线编号	产品名称	计量单位	设计生产能力	设计年生产时间（h）	其他产品信息
1	胶合板	SCX001	胶合板	m^3/a	100 000	7 200	

表 2-1　主要产品及产能信息补充表

序号	生产线类型	生产线编号	主要生产单元名称	主要工艺名称[1]	生产设施名称[2]	生产设施编号	设施参数[3]				其他设施信息	其他工艺信息
							参数名称	计量单位	设计值	其他设施参数信息		
1	胶合板	SCX001	旋（刨）切工段	旋（刨）切	旋（刨）切机	MF002	生产能力	m^3/h	8.5			
			旋（刨）切工段	剪板	剪板机	MF003	功率	kW	20			
			单板/锯材干燥工段	干燥	单板干燥机	MF004	功率	kW	700			
							生产能力	kg/h	4 500			
			单板整理工段	拼缝	单板拼缝机	MF005	功率	kW	60			
			组坯预压工段	调胶	调胶设备	MF006	功率	kW	20			
			组坯预压工段	涂（淋）胶	涂（淋）胶机	MF007	功率	kW	15			
			组坯预压工段	预压	预压机	MF008	工作宽度	mm	1 370			
							工作长度	mm	3 200			
							功率	kW	10			
			热压工段	热压	热压机	MF009	功率	kW	175			
							风量	m^3/h	50 000			
							工作长度	mm	3 000			
							工作宽度	mm	1 370			
			后处理工段	锯切	锯机	MF010	风量	m^3/h	30 000			
							功率	kW	50			
			后处理工段	砂光	砂光机	MF011	风量	m^3/h	50 000			
							功率	kW	175			
			备料工段	剥皮	剥皮机	MF001	功率	kW	50			
							生产能力	kg/h	30			
			公共单元	/	锅炉	MF012	额定出力	MW	10			供热系统

注：（1）指主要生产单元所采用的工艺名称。

（2）指某生产单元中主要生产设施（设备）名称。

（3）指设施（设备）的设计规格参数，包括参数名称、设计值和计量单位。

（二）主要原辅材料及燃料

表 3 主要原辅材料及燃料信息表

序号	种类 (1)	名称 (2)	年最大使用量	计量单位 (3)	固体含量（%）	挥发性有机物含量（%）	密度（g/cm^3）	其他信息
原料及辅料								
1	辅料	胶黏剂—脲醛树脂	10 000	t/a	55	0.351	1.1	
	辅料	填充剂	220	t/a	100	0	0.5	
2	原料	原木	200 000	m^3	100	0	45	

燃料

序号	燃料类型	燃料名称	年最大使用量	计量单位	灰分（%）	硫分（%）	挥发分（%）	低位热值（kJ/kg）	汞（μg/g）	其他信息
1	固体燃料	生物质燃料	20 000	t/a	2.2	0.02	73	14 000	0	

注：（1）指材料种类，选填“原料”或“辅料”。

（2）指原料、辅料名称。

（3）指万 t/a、万 m^3/a 等。

（三）产排污节点、污染物及污染治理设施

表 4　废气产排污节点、污染物及污染治理设施信息表

序号	主要生产单元	产污设施编号	产污设施名称[(1)]	对应产污环节名称[(2)]	污染物种类[(3)]	排放形式[(4)]	污染治理设施						有组织排放口名称	有组织排放口编号[(6)]	排放口设置是否符合要求[(7)]	排放口类型	其他信息
							污染治理设施编号	污染治理设施名称[(5)]	污染治理设施工艺	设计处理效率（%）	是否为可行技术	污染治理设施其他信息					
1	单板/锯材干燥工段	MF004	单板干燥机	干燥废气	挥发性有机物	有组织	TA001	有机废气处理系统	活性炭吸附	85	是		干燥废气排放口	DA001	是	一般排放口	
2	热压工段	MF009	热压机	热压尾气	挥发性有机物	有组织	TA002	有机废气处理系统	湿法除尘器	90	是		压机尾气排放口	DA002	是	一般排放口	
				热压尾气	甲醛	有组织	TA002	有机废气处理系统	湿处理	90	是		压机尾气排放口	DA002	是	一般排放口	
				热压尾气	颗粒物	有组织	TA002	除尘系统	湿法除尘器	95	是		压机尾气排放口	DA002	是	一般排放口	
3	后处理工段	MF011	砂光机	除尘器废气	颗粒物	有组织	TA003	布袋除尘器	布袋除尘	90	是		砂光废气排放口	DA003	是	一般排放口	
4	后处理工段	MF010	锯机	除尘器废气	颗粒物	有组织	TA004	布袋除尘器	布袋除尘	90	是		锯切废气排放口	DA004	是	一般排放口	
5	备料工段	MF001	剥皮机	备料工段废气	颗粒物	无组织	/										
6	旋（刨）切工段	MF002	旋（刨）切机	备料工段废气	颗粒物	无组织	/										

序号	主要生产单元	产污设施编号	产污设施名称(1)	对应产污环节名称(2)	污染物种类(3)	排放形式(4)	污染治理设施						有组织排放口名称	有组织排放口编号(6)	排放口设置是否符合要求(7)	排放口类型	其他信息
							污染治理设施编号	污染治理设施名称(5)	污染治理设施工艺	设计处理效率（%）	是否为可行技术	污染治理设施其他信息					
7	组坯预压工段	MF007	涂（淋）胶机	施胶废气	甲醛	无组织	/										
				施胶废气	挥发性有机物	无组织	/										
8	组坯预压工段	MF006	调胶设备	调胶废气	挥发性有机物	无组织	/										

序号	主要生产单元名称	生产设施编号	生产设施名称(1)	对应产污环节名称(2)	污染物种类(3)	排放形式(4)	污染治理设施				有组织排放口编号(6)	有组织排放口名称	排放口设置是否符合要求(7)	排放口类型	其他信息
							污染治理设施编号	污染治理设施名称(5)	是否为可行技术	污染治理设施其他信息					
1	热力生产单元	MF020	燃生物质锅炉	烟气	氮氧化物	有组织	TA020	SNCR	是		DA020	烟囱排放口	是	一般排放口	
				烟气	颗粒物	有组织	TA021	旋风除尘器+袋式除尘器	是		DA020	烟囱排放口	是	一般排放口	
				烟气	烟气黑度	有组织	/				DA020	烟囱排放口	是	一般排放口	
2	储运和制备单元	MF021	燃料堆场	贮存系统无组织排放	颗粒物	无组织	/								

注：（1）指主要生产设施。

（2）指生产设施对应的主要产污环节名称。

（3）以相应排放标准中确定的污染因子为准。

（4）指有组织排放或无组织排放。

（5）污染治理设施名称，对于有组织废气，以火电行业为例，污染治理设施名称包括三电场静电除尘器、四电场静电除尘器、普通袋式除尘器、覆膜滤料袋式除尘器等。

（6）排放口编号可按照地方生态环境主管部门现有编号进行填写或者由排污单位自行编制。

（7）指排放口设置是否符合排污口规范化整治技术要求等相关文件的规定。

表 5　废水类别、污染物及污染治理设施信息表

序号	废水类别[1]	污染物种类[2]	污染治理设施						排放去向	排放方式	排放规律[4]	排放口编号[6]	排放口名称	排放口设置是否符合要求[7]	排放口类型	其他信息
			污染治理设施编号	污染治理设施名称[5]	污染治理设施工艺	设计处理水量（t/h）	是否为可行技术	污染治理设施其他信息								
1	生活污水	化学需氧量，氨氮（NH_3-N），总氮（以 N 计），总磷（以 P 计），pH，色度，五日生化需氧量，悬浮物	/						进入城市污水处理厂	无	连续排放，流量不稳定，但有周期性规律					

注：（1）指产生废水的工艺、工序，或废水类型的名称。

（2）以相应排放标准中确定的污染因子为准。

（3）包括不外排；排至厂内综合污水处理站；直接进入海域；直接进入江河、湖、库等水环境；进入城市下水道（再入江河、湖、库）；进入城市下水道（再入沿海海域）；进入城市污水处理厂；直接进入污灌农田；进入地渗或蒸发地；进入其他单位；工业废水集中处理厂；其他（包括回喷、回填、回灌、回用等）。对于工艺、工序产生的废水，“不外排”指全部在工序内部循环使用，“排至厂内综合污水处理站”指工序废水经处理后排至综合处理站。对于综合污水处理站，“不外排”指全厂废水经处理后全部回用不排放。

（4）包括连续排放，流量稳定；连续排放，流量不稳定，但有周期性规律；连续排放，流量不稳定，但有规律，且不属于周期性规律；连续排放，流量不稳定，属于冲击型排放；连续排放，流量不稳定且无规律，但不属于冲击型排放；间断排放，排放期间流量稳定；间断排放，排放期间流量不稳定，但有周期性规律；间断排放，排放期间流量不稳定，但有规律，且不属于非周期性规律；间断排放，排放期间流量不稳定，属于冲击型排放；间断排放，排放期间流量不稳定且无规律，但不属于冲击型排放。

（5）指主要污水处理设施名称，如“综合污水处理站”“生活污水处理系统”等。

（6）排放口编号可按地方环境管理部门现有编号进行填写或由排污单位根据国家相关规范进行编制。

（7）指排放口设置是否符合排污口规范化整治技术要求等相关文件的规定。

三、大气污染物排放

（一）排放口

表 6　大气排放口基本情况表

序号	排放口编号	排放口名称	污染物种类	排放口地理坐标[1]		排气筒高度（m）	排气筒出口内径（m）[2]	排气温度（℃）	其他信息
				经度	纬度				
1	DA001	干燥废气排放口	挥发性有机物	108°59′56.98″	22°59′51.58″	20	3	65	
2	DA002	压机尾气排放口	颗粒物，挥发性有机物，甲醛	109°35′42.54″	23°3′7.13″	20	0.8	50	
3	DA003	砂光废气排放口	颗粒物	109°35′42.72″	23°3′6.98″	15	1	常温	
4	DA004	锯切废气排放口	颗粒物	109°35′42.76″	23°3′6.91″	15	0.8	常温	
5	DA020	烟囱排放口	氮氧化物，颗粒物，烟气黑度	109°35′42.68″	23°3′7.02″	20	0.8	50	

注：（1）指排气筒所在地经纬度坐标，可通过排污许可管理信息平台中的 GIS 系统点选后自动生成经纬度。

（2）对于不规则形状排气筒，填写等效内径。

表 7 废气污染物排放执行标准表

序号	排放口编号	排放口名称	污染物种类	国家或地方污染物排放标准[1]			环境影响评价批复要求[2]	承诺更加严格排放限值[3]	其他信息
				名称	浓度限值	速率限值（kg/h）			
1	DA001	干燥废气排放口	挥发性有机物	《大气污染物综合排放标准》（GB 16297—1996）	120 mg/Nm^3	17	120 mg/Nm^3	/mg/Nm^3	
2	DA002	压机尾气排放口	颗粒物	《大气污染物综合排放标准》（GB 16297—1996）	120 mg/Nm^3	5.9	120 mg/Nm^3	/mg/Nm^3	
3	DA002	压机尾气排放口	挥发性有机物	《大气污染物综合排放标准》（GB 16297—1996）	120 mg/Nm^3	17	120 mg/Nm^3	/mg/Nm^3	
4	DA002	压机尾气排放口	甲醛	《大气污染物综合排放标准》（GB 16297—1996）	25 mg/Nm^3	0.43	25 mg/Nm^3	/mg/Nm^3	
5	DA003	砂光废气排放口	颗粒物	《大气污染物综合排放标准》（GB 16297—1996）	120 mg/Nm^3	3.5	120 mg/Nm^3	/mg/Nm^3	
6	DA004	锯切废气排放口	颗粒物	《大气污染物综合排放标准》（GB 16297—1996）	120 mg/Nm^3	3.5	120 mg/Nm^3	/mg/Nm^3	
7	DA020	烟囱排放口	颗粒物	《锅炉大气污染物排放标准》（GB 13271—2014）	50 mg/Nm^3	/	50 mg/Nm^3	/mg/Nm^3	
8	DA020	烟囱排放口	烟气黑度	《锅炉大气污染物排放标准》（GB 13271—2014）	1 级	/	/级	/级	
9	DA020	烟囱排放口	氮氧化物	《锅炉大气污染物排放标准》（GB 13271—2014）	300 mg/Nm^3	/	/mg/Nm^3	/mg/Nm^3	

注：（1）指对应排放口须执行的国家或地方污染物排放标准的名称、编号及浓度限值。

（2）新增污染源必填。

（3）如火电厂超低排放浓度限值。

（二）有组织排放信息

表 8　大气污染物有组织排放表

序号	排放口编号	排放口名称	污染物种类	申请许可排放浓度限值	申请许可排放速率限值（kg/h）	申请年许可排放量限值（t/a）					申请特殊排放浓度限值[1]	申请特殊时段许可排放量限值[2]
						第一年	第二年	第三年	第四年	第五年		
主要排放口												
主要排放口合计			颗粒物			/	/	/	/	/	/	/
			SO_2			/	/	/	/	/	/	/
			NO_x			/	/	/	/	/	/	/
			VOCs			/	/	/	/	/	/	/
			甲醛			/	/	/	/	/	/	/
一般排放口												
1	DA001	干燥废气排放口	挥发性有机物	120 mg/Nm³	17	/	/	/	/	/	/mg/Nm³	/
2	DA002	压机尾气排放口	颗粒物	120 mg/Nm³	5.9	/	/	/	/	/	/mg/Nm³	/
3	DA002	压机尾气排放口	挥发性有机物	120 mg/Nm³	17	/	/	/	/	/	/mg/Nm³	/
4	DA002	压机尾气排放口	甲醛	25 mg/Nm³	0.43	/	/	/	/	/	/mg/Nm³	/
5	DA003	砂光废气排放口	颗粒物	120 mg/Nm³	3.5	/	/	/	/	/	/mg/Nm³	/
6	DA004	锯切废气排放口	颗粒物	120 mg/Nm³	3.5	/	/	/	/	/	/mg/Nm³	/
7	DA020	烟囱排放口	颗粒物	50 mg/Nm³	/	/	/	/	/	/	/mg/Nm³	/
8	DA020	烟囱排放口	氮氧化物	300 mg/Nm³	/	/	/	/	/	/	/mg/Nm³	/
9	DA020	烟囱排放口	烟气黑度	1 级	/	/	/	/	/	/	/mg/Nm³	/

序号	排放口编号	排放口名称	污染物种类	申请许可排放浓度限值	申请许可排放速率限值（kg/h）	申请年许可排放量限值（t/a）					申请特殊排放浓度限值[1]	申请特殊时段许可排放量限值[2]
						第一年	第二年	第三年	第四年	第五年		
一般排放口合计			颗粒物			/	/	/	/	/	/	/
			SO_2			/	/	/	/	/	/	/
			NO_x			/	/	/	/	/	/	/
			VOCs			/	/	/	/	/	/	/
			甲醛			/	/	/	/	/	/	/
全厂有组织排放总计[3]												
全厂有组织排放总计			颗粒物			/	/	/	/	/	/	/
			SO_2			/	/	/	/	/	/	/
			NO_x			/	/	/	/	/	/	/
			VOCs			/	/	/	/	/	/	/
			甲醛			/	/	/	/	/	/	/

主要排放口备注信息	
一般排放口备注信息	
全厂排放口备注信息	

注：（1）（2）指地方政府制定的环境质量限期达标规划、重污染天气应对措施中对排污单位有更加严格的排放控制要求。

（3）“全厂有组织排放总计”指的是，主要排放口与一般排放口之和。

申请年排放量限值计算过程：（包括方法、公式、参数选取过程，以及计算结果的描述等内容）

无

申请特殊时段许可排放量限值计算过程：（包括方法、公式、参数选取过程，以及计算结果的描述等内容）

无

（三）无组织排放信息

表 9 大气污染物无组织排放表

序号	生产设施编号/无组织排放编号	产污环节[1]	污染物种类	主要污染防治措施	国家或地方污染物排放标准		其他信息	年许可排放量限值（t/a）					申请特殊时段许可排放量限值
					名称	浓度限值		第一年	第二年	第三年	第四年	第五年	
1	MF001	备料工段废气	颗粒物		《大气污染物综合排放标准》（GB 16297—1996）	1.0 mg/Nm^3		/	/	/	/	/	/
2	MF002	备料工段废气	颗粒物		《大气污染物综合排放标准》（GB 16297—1996）	1.0 mg/Nm^3		/	/	/	/	/	/
3	MF006	调胶废气	挥发性有机物		《大气污染物综合排放标准》（GB 16297—1996）	4.0 mg/Nm^3		/	/	/	/	/	/
4	MF007	施胶废气	挥发性有机物		《大气污染物综合排放标准》（GB 16297—1996）	4.0 mg/Nm^3		/	/	/	/	/	/
5	MF007	施胶废气	甲醛		《大气污染物综合排放标准》（GB 16297—1996）	0.2 mg/Nm^3		/	/	/	/	/	/
6	MF021	贮存系统无组织排放	颗粒物	原料堆场四周应采取防风抑尘网、防尘墙、覆盖等形式的防尘措施，防风抑尘网高度不低于堆存物料高度的 1.1 倍	/	/mg/Nm^3		/	/	/	/	/	/
全厂无组织排放总计													
全厂无组织排放总计			颗粒物					/	/	/	/	/	/
			SO_2					/	/	/	/	/	/
			NO_x					/	/	/	/	/	/
			VOCs					/	/	/	/	/	/
			甲醛					/	/	/	/	/	/

注：（1）主要可以分为设备与管线组件泄漏、储罐泄漏、装卸泄漏、废水集输贮存处理、原辅材料堆存及转运、循环水系统泄漏等环节。

（四）企业大气排放总许可量

表 10　企业大气排放总许可量

序号	污染物种类	第一年（t/a）	第二年（t/a）	第三年（t/a）	第四年（t/a）	第五年（t/a）
1	颗粒物	/	/	/	/	/
2	SO_2	/	/	/	/	/
3	NO_x	/	/	/	/	/
4	VOCs	/	/	/	/	/
5	甲醛	/	/	/	/	/

企业大气排放总许可量备注信息

四、水污染物排放

（一）排放口

表 11　废水直接排放口基本情况表

序号	排放口编号	排放口名称	排放口地理坐标[1]		排放去向	排放规律	间歇排放时段	受纳自然水体信息		汇入受纳自然水体处地理坐标[4]		其他信息
			经度	纬度				名称[2]	受纳水体功能目标[3]	经度	纬度	

注：（1）对于直接排放至地表水体的排放口，指废水排出厂界处经纬度坐标；可手工填写经纬度，也可通过排污许可证管理信息平台中的 GIS 系统点选后自动生成经纬度。

（2）指受纳水体的名称，如南沙河、太子河、温榆河等。

（3）指对于直接排放至地表水体的排放口，其所处受纳水体功能类别，如III类、IV类、V类等。

（4）对于直接排放至地表水体的排放口，指废水汇入地表水体处经纬度坐标；可通过排污许可证管理信息平台中的 GIS 系统点选后自动生成经纬度。

（5）废水向海洋排放的，应当填写岸边排放或深海排放。深海排放的，还应说明排污口的深度、与岸线直线距离。在备注中填写。

表 12　废水间接排放口基本情况表

序号	排放口编号	排放口名称	排放口地理坐标[1]		排放去向	排放规律	间歇排放时段	受纳污水处理厂信息			
			经度	纬度				名称[2]	污染物种类	排水协议规定的浓度限值[3]	国家或地方污染物排放标准浓度限值[4]

注：（1）对于排至厂外城镇或工业污水集中处理设施的排放口，指废水排出厂界处经纬度坐标；对纳入管控的车间或者生产设施排放口，指废水排出车间或者生产设施边界处经纬度坐标；可通过排污许可证管理信息平台中的 GIS 系统点选后自动生成经纬度。

（2）指厂外城镇或工业污水集中处理设施名称，如酒仙桥生活污水处理厂、宏兴化工园区污水处理厂等。

（3）属于选填项，指排污单位与受纳污水处理厂等协商的污染物排放浓度限值要求。

（4）指污水处理厂废水排入环境水体时应当执行的国家或地方污染物排放标准浓度限值（mg/L）。

表 13　废水污染物排放执行标准表

序号	排放口编号	排放口名称	污染物种类	国家或地方污染物排放标准[1]		排水协议规定的浓度限值（如有）[2]	环境影响评价批复要求[3]	承诺更加严格排放限值	其他信息
				名称	浓度限值				

注：（1）指对应排放口须执行的国家或地方污染物排放标准的名称及浓度限值。
（2）属于选填项，指排污单位与受纳污水处理厂等协商的污染物排放浓度限值要求。
（3）新增污染源必填。

（二）申请排放信息

表 14　废水污染物排放

序号	排放口编号	排放口名称	污染物种类	申请排放浓度限值	申请年排放量限值（t/a）[1]					申请特殊时段排放量限值
					第一年	第二年	第三年	第四年	第五年	
主要排放口										
主要排放口合计			COD_{Cr}							/
			氨氮							/
			pH							/
			色度							/
			悬浮物							/
			总氮（以 N 计）							/
			总磷（以 P 计）							/
			甲醛							/
			五日生化需氧量							/

序号	排放口编号	排放口名称	污染物种类	申请排放浓度限值	申请年排放量限值（t/a）[1]					申请特殊时段排放量限值
					第一年	第二年	第三年	第四年	第五年	
一般排放口										
一般排放口合计			COD_{Cr}							/
			氨氮							/
			pH							/
			色度							/
			悬浮物							/
			总氮（以N计）							/
			总磷（以P计）							/
			甲醛							/
			五日生化需氧量							/
全厂排放口源										
全厂排放口总计			COD_{Cr}		/	/	/	/	/	/
			氨氮		/	/	/	/	/	/
			pH		/	/	/	/	/	/
			色度		/	/	/	/	/	/
			悬浮物		/	/	/	/	/	/
			总氮（以N计）		/	/	/	/	/	/
			总磷（以P计）		/	/	/	/	/	/
			甲醛		/	/	/	/	/	/
			五日生化需氧量		/	/	/	/	/	/

主要排放口备注信息
一般排放口备注信息
全厂排放口备注信息

注：（1）排入城镇集中污水处理设施的生活污水无须申请许可排放量。

申请年排放量限值计算过程：（包括方法、公式、参数选取过程，以及计算结果的描述等内容）

无

申请特殊时段许可排放量限值计算过程：（包括方法、公式、参数选取过程，以及计算结果的描述等内容）

无

五、噪声排放信息

表 15 噪声排放信息

噪声类别	生产时段		执行排放标准名称	厂界噪声排放限值		备注
	昼间	夜间		昼间[dB（A）]	夜间[dB（A）]	
稳态噪声	至	至				
频发噪声						
偶发噪声						

六、固体废物排放信息

表 16 固体废物排放信息

固体废物来源	固体废物名称	固体废物种类	固体废物类别	固体废物描述	固体废物产生量（t/a）	固体废物处理方式	固体废物综合利用处理量（t/a）	固体废物处置量（t/a）	固体废物贮存量（t/a）	固体废物排放量（t/a）	备注

七、环境管理要求

（一）自行监测

表 17　自行监测及信息记录表

序号	污染源类别/监测类别	排放口编号/监测点位	排放口名称/监测点位名称	监测内容[(1)]	污染物名称	监测设施	自动监测是否联网	自动监测仪器名称	自动监测设施安装位置	自动监测设施是否符合安装、运行、维护等管理要求	手工监测采样方法及个数[(2)]	手工监测频次[(3)]	手工测定方法[(4)]	其他信息
1	废气	DA001	干燥废气排放口	氧含量，烟气温度，烟气流速，烟气压力，湿度	挥发性有机物	手工					非连续采样，至少4个	1次/a	《固定污染源废气　总烃、甲烷和非甲烷总烃的测定　气相色谱法》（HJ 38—2017）	
2	废气	DA002	压机尾气排放口	温度，湿度，空气流速，烟气压力	甲醛	手工					非连续采样，至少4个	1次/a	《空气质量　甲醛的测定　乙酰丙酮分光光度法》（GB/T15516）	
3	废气	DA002	压机尾气排放口	温度，湿度，空气流速，烟气压力	挥发性有机物	手工					非连续采样，至少4个	1次/a	《固定污染源废气　总烃、甲烷和非甲烷总烃的测定　气相色谱法》（HJ 38—2017）	
4	废气	DA002	压机尾气排放口	温度，湿度，空气流速，烟气压力	颗粒物	手工					非连续采样，至少4个	1次/a	《固定污染源排气中颗粒物测定与气态污染物采样方法》（GB/T 16157—1996）	

序号	污染源类别/监测类别	排放口编号/监测点位	排放口名称/监测点位名称	监测内容[1]	污染物名称	监测设施	自动监测是否联网	自动监测仪器名称	自动监测设施安装位置	自动监测设施是否符合安装、运行、维护等管理要求	手工监测采样方法及个数[2]	手工监测频次[3]	手工测定方法[4]	其他信息
5	废气	DA003	砂光废气排放口	温度，湿度，空气流速，烟气压力	颗粒物	手工					非连续采样，至少4个	1次/a	《固定污染源排气中颗粒物测定与气态污染物采样方法》（GB/T 16157—1996）	
6	废气	DA004	锯切废气排放口	温度，湿度，空气流速，烟气压力	颗粒物	手工					非连续采样，至少4个	1次/a	《固定污染源排气中颗粒物测定与气态污染物采样方法》（GB/T 16157—1996）	
7	废气	DA020	烟囱排放口	烟气流速，烟气温度，烟气压力，烟气含湿量，烟气量，烟道截面积	烟气黑度	手工					非连续采样，至少3个	1次/季	《固定污染源排放烟气黑度的测定　林格曼烟气黑度图法》（HJ/T 398—2007）	
8	废气	DA020	烟囱排放口	烟气流速，烟气温度，烟气压力，烟气含湿量，烟气量，烟道截面积	氮氧化物	自动	是	×××型烟气自动监测仪	烟囱×××米垂直管段处	是	非连续采样，至少3个	1次/6 h	《固定污染源废气氮氧化物的测定　非分散红外吸收法》（HJ 692—2014）	自动监测设施发生故障时，每天至少监测4次，每次间隔不超过6 h

序号	污染源类别/监测类别	排放口编号/监测点位	排放口名称/监测点位名称	监测内容[1]	污染物名称	监测设施	自动监测是否联网	自动监测仪器名称	自动监测设施安装位置	自动监测设施是否符合安装、运行、维护等管理要求	手工监测采样方法及个数[2]	手工监测频次[3]	手工测定方法[4]	其他信息
9	废气	DA020	烟囱排放口	烟气流速，烟气温度，烟气压力，烟气含湿量，烟气量，烟道截面积	颗粒物	自动	是	×××型烟气自动监测仪	烟囱×××米垂直管段处	是	非连续采样，至少3个	1次/6 h	《固定污染源排气中颗粒物测定与气态污染物采样方法》（GB/T 16157—1996）	自动监测设施发生故障时，每天至少监测4次，每次间隔不超过6 h
10	废气	厂界		温度，湿度，气压，风速	甲醛	手工					非连续采样，至少3个	1次/a	《空气质量 甲醛的测定 乙酰丙酮分光光度法》（GB/T 15516—1995）	
11	废气	厂界		温度，湿度，气压，风速	挥发性有机物	手工					非连续采样，至少3个	1次/a	《固定污染源废气 总烃、甲烷和非甲烷总烃的测定 气相色谱法》（HJ 38—2017）	
12	废气	厂界		温度，湿度，气压，风速	颗粒物	手工					非连续采样，至少3个	1次/a	《固定污染源排气中颗粒物测定与气态污染物采样方法》（GB/T 16157—1996）	

注：（1）指气量、水量、温度、含氧量等项目。
（2）指污染物采样方法，如对于废水污染物："混合采样（3个、4个或5个混合）""瞬时采样（3个、4个或5个瞬时样）"；对于废气污染物："连续采样""非连续采样（3个或多个）"。
（3）指一段时期内的监测次数要求，如1次/周、1次/月等，对于规范要求填报自动监测设施的，在手工监测内容中填报自动在线监测出现故障时的手工频次。
（4）指污染物浓度测定方法，如"测定化学需氧量的重铬酸钾法""测定氨氮的水杨酸分光光度法"等。
（5）根据行业特点，如果需要对雨排水进行监测的，应当手动填写。

监测质量保证与质量控制要求：

/

监测数据记录、整理、存档要求：

/

（二）环境管理台账记录

表 18 环境管理台账信息表

序号	类别	记录内容	记录频次	记录形式	其他信息
1	基本信息	记录企业名称、生产经营场所地址、行业类别、法定代表人统一社会信用代码、生产工艺、生产规模、环保投资、排污权交易文件、环境影响评价审批意见及排污许可证编号等	根据实际情况及时更新	电子台账+纸质台账	
2	监测记录信息	记录手工检测信息，包括监测日期、时间、点位、方法、频次、采样方法、监测仪器、监测结果等	每次手工监测时记录	电子台账+纸质台账	
3	监测记录信息	建立污染防治设施运行管理监测记录。记录生产及污染治理设施运行状况	按自行监测要求频次记录	电子台账+纸质台账	
4	其他环境管理信息	记录无组织废气污染防治设施运行、维护、管理相关的信息	1 次/班	电子台账+纸质台账	
5	其他环境管理信息	应记录厂区降尘洒水、清扫频次，原料或产品场地封闭、遮盖方式，日常检查维护频次及情况等	1 次/班	电子台账+纸质台账	
6	生产设施运行管理信息	记录生产运行状态、生产符合、产品产量等	1 次/班	电子台账+纸质台账	
7	生产设施运行管理信息	记录原辅材料的使用量，水、电的消耗量等	1 次/d	电子台账+纸质台账	
8	生产设施运行管理信息	记录原辅材料及燃料进厂种类、批次、名称、数量等	1 次/批	电子台账+纸质台账	
9	污染防治设施运行管理信息	记录污染防治设施的非正常信息，包括起止时段、设备名称、非正常情况恢复时刻、污染物排放和排放浓度、事件原因、应对措施等	1 次/工况期	电子台账+纸质台账	
10	污染防治设施运行管理信息	记录环保设施的运行状态、污染物排放情况、治理药剂添加情况、环保设施的运行参数、固体废物的产生和处置等	1 次/班	电子台账+纸质台账	

八、补充登记信息

1. 主要产品信息

序号	行业类别	生产工艺名称	主要产品	主要产品产能	计量单位	备注

2. 燃料使用信息

序号	燃料类别	燃料名称	使用量	计量单位	备注

3. 涉 VOCs 辅料使用信息

序号	辅料类别	辅料名称	使用量	计量单位	备注

4. 废气排放信息

序号	废气排放形式	废气污染治理设施	治理工艺	数量	备注

序号	废气排放口名称	执行标准名称	数量	备注

5．废水排放信息

序号	废水污染治理设施	治理工艺	数量	备注

序号	废水排放口名称	执行标准名称	排放去向	备注

6．工业固体废物排放信息

序号	工业固体废物名称	是否属于危险废物	去向	备注

7．其他需要说明的信息

九、有核发权的地方生态环境主管部门增加的管理内容（如需）

/

十、改正规定（如需）

表 19　改正规定信息表

序号	改正问题	改正措施	时限要求

十一、附图

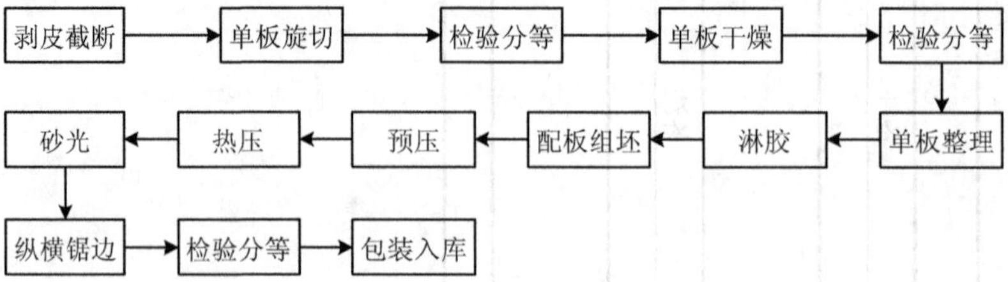

图 1　生产工艺流程

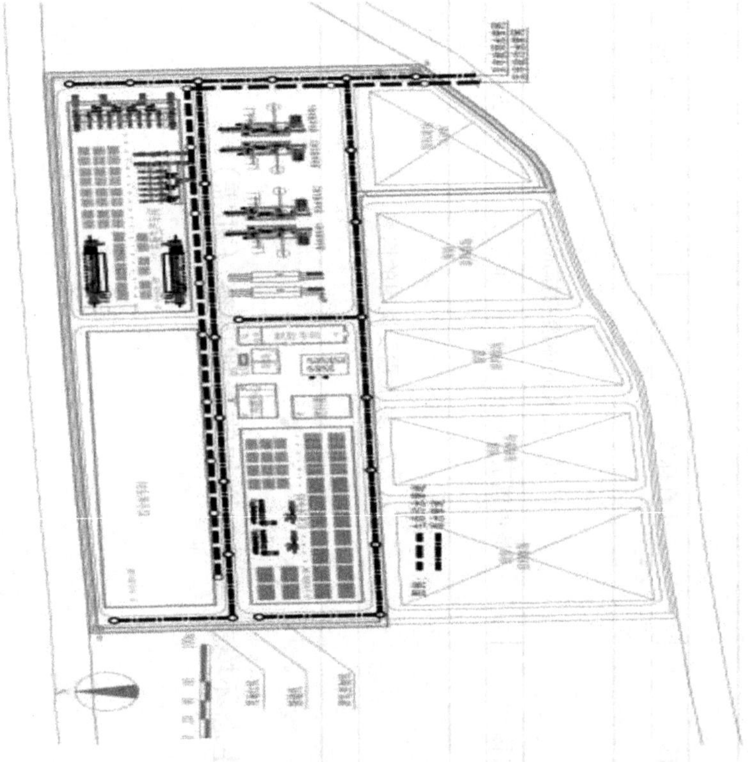

图 2　生产厂区总平面布置图

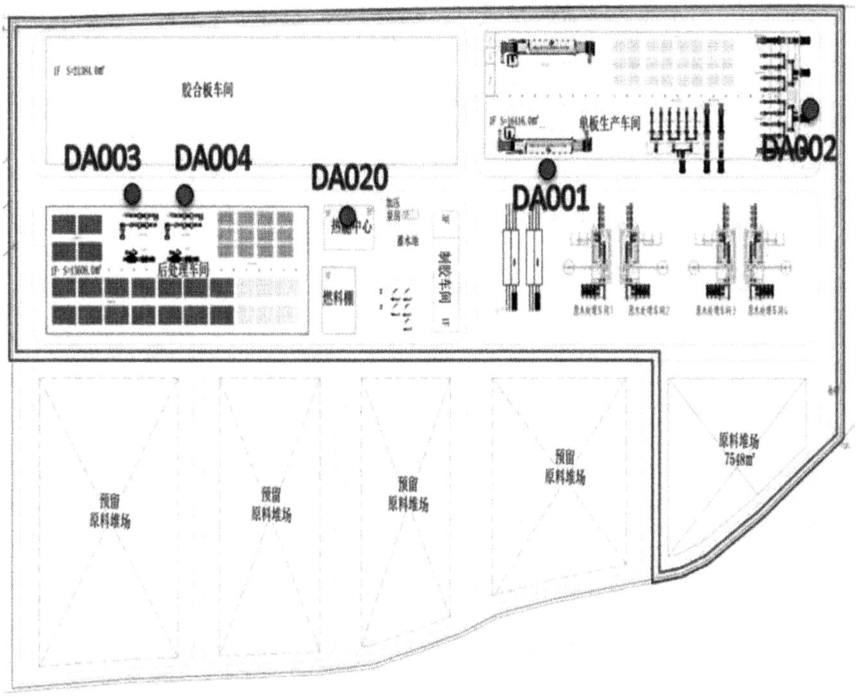
胶合板车间
单板生产车间
DA003
DA004
DA020
DA001
DA002
热能中心
后处理车间
燃料棚
制胶车间
预留
原料堆场
预留
原料堆场
预留
原料堆场
预留
原料堆场
原料堆场
7548㎡

图 3　监测点位示意图